AF499699

UN FRAGMENT INÉDIT

DE

L'OPUS TERTIUM

DE

ROGER BACON

PRÉCÉDÉ
D'UNE ÉTUDE SUR CE FRAGMENT

PAR

PIERRE DUHEM

CORRESPONDANT DE L'INSTITUT DE FRANCE
PROFESSEUR À L'UNIVERSITÉ DE BORDEAUX

AD CLARAS AQUAS (QUARACCHI)
prope Florentiam
EX TYPOGRAPHIA COLLEGII S. BONAVENTURAE

1909.

ÉTUDE

SUR UN FRAGMENT INÉDIT

DE

L'OPUS TERTIUM

DE

ROGER BACON.

Sommaire.

Avant-propos.

Au cours de nos recherches sur l'histoire de l'Astronomie, notre attention fut attirée sur un manuscrit latin conservé à la Bibliothèque Nationale. D'après le catalogue publié par M. Léopold Delisle (1), ce manuscrit contenait un écrit de l'astronome arabe Alpetragius (Al Bitrogi); le titre de cet écrit attestait qu'il n'était point identique à l'ouvrage bien

(1) Léopold Delisle, *Inventaire des manuscrits latins conservés à la Bibliothèque Nationale sous les numéros* 8823-18613; Paris, 1863-1871; p. 67.

connu du même auteur qui fut publié à Venise, en 1531, sous le titre : ALPETRAGII ARABI *Planetarum theorica, physicis rationibus probata, nuperrime latinis litteris mandata a Calo Calonymos hebreo Neapolitano.*

L'Aministration de la Bibliothèque nationale voulut bien confier ce manuscrit, pendant quelque temps, à la Bibliothèque de l'Université de Bordeaux, où nous pûmes l'étudier à loisir et en prendre copie. Il nous fut aisé de reconnaître que ce texte, où les théories astronomiques d'Al Bitrogi sont mises en parallèle des théories de Ptolémée, ne pouvait émaner du savant arabe; il nous fut non moins facile de constater que cet écrit était de Roger Bacon, qu'il représentait un fragment de l'*Opus tertium*, que ce fragment n'avait aucune partie commune avec celui que J. S. Brewer a publié à Londres en 1859 (1). L'attribution erronée de ce texte à l'astronome Al Bitrogi l'a sans doute dissimulé à l'attention des érudits qui ont recherché les écrits de Roger Bacon.

Comme ce fragment nous a semblé présenter un très grand intérêt, soit que l'on se propose de suivre le développement de la pensée et des œuvres de Roger Bacon, soit que l'on cherche à connaître l'état de la Science au XIIIe siècle, nous nous sommes proposé de le publier.

M. l'Abbé G. Delorme, dont on connait la compétence touchant les écrits de son illustre frère en Saint François, Roger Bacon, a bien voulu examiner notre travail et en contrôler minutieusement les diverses affirmations; qu'il nous permette de lui exprimer ici notre vive reconnaissance.

I.

Description du Manuscrit.

Le manuscrit où se trouve le texte qui nous intéresse figurait autrefois à la Bibliotheque nationale sous le n° 38 du Supplément latin; il porte aujourd'hui le n° 10264 du fonds latin.

(1) FR. ROGERI BACON *Opera quaedam hactenus inedita.* Vol. I. containing: I. *Opus tertium.* II. *Opus minus.* III. *Compendium Philosophiae.* Edited by J. S. BREWER. London, Longman, Green, Longman and Roberts, 1859.

De grand format, il est recouvert d'une belle reliure en maroquin rouge dont les plats sout ornés des armes de Louis XIV; le dos, entre des fers qui représentent la double L surmontée de la couronne fermée, porte le titre: TABULÆ ASTRONOM.

Les divers ouvrages que réunit ce manuscrit, dont l'état de conservation est parfait, sont tous écrits sur le même papier vergé. Les pages ont une hauteur de 334^{mm} et une largeur de 232^{mm}. L'écriture semi-cursive, très lisible, varie quelque peu d'un ouvrage à l'autre, comme il arrive pour des pièces écrites par la même main à des époques différentes; en effet, les signatures que portent plusieurs de ces pièces nous apprennent qu'elles ont été transcrites par Arnaud de Bruxelles, calligraphe, puis imprimeur bien connu de Naples; les dates auxquelles les copies out été achevées sont comprises entre l'an 1475 et l'an 1492.

Le manuscrit se compose de 16 feuillets non numérotés, suivis de 286 feuillets numérotés et de 6 feuillets non numérotés.

Les 16 feuillets non numérotés du commencement sont blancs, sauf le recto du quatrième, où se trouve la table suivante des écrits contenus dans le recueil:

Les tables des planètes de Jean des Linières commencent sans aucun titre au recto du fol. 1; comme tout le recueil, elles sont fort bien écrites, eu rouge et en noir; elles finissent au recto du fol. 36.

Du verso du fol. 36 au recto du fol. 38, règne le titre courant: *Tabula stellarum fixarum;* le même titre se trouve encore au début de la première colonne du fol. 38, verso; la seconde colonne est blanche.

Au fol. 39, recto, la première colonne porte en titre: *Conjunctiones vere Saturni et Jovis ad meridianum Civitatis Cremone;* la seconde colonne est intitulée: *Conjunctiones medie Saturni et Jovis;* les mêmes titres se répètent aux deux colonnes du fol. 39, verso.

En tête de fol. 57, recto, se lit le titre suivant, en rouge: *Compendium clari viri Leonardi qualea: quod Astronomiam medicinalem nuncupari voluit. ex multis Syrorum: Indorum: Arabum: Persarum: Egiptiorum: Grecorum et Latinorum voluminibus compilatum: in facilitatem medicorum et commoditatem infirmorum: prohemium*

L'ouvrage commence par ces mots: *Lux nature deus....* Il se termine au recto du fol. 95 par ces mots: *Et nox a solis occasu,* suivis d'une figure astrologique intitulée: *Circulus aspectuum planetarum, et ordine quo jacent signa: — atque exurgunt et occidunt signa.* Au dessous de la figure se trouve la date de la copie et la signature du copiste: *22. octobris. 1475. per A. de Bruxella* (1).

Le verso du fol. 95 est blanc.

En tête du fol. 95, recto, se trouve le titre suivant:

---

(1) Au sujet de cet écrit, voir: P. DUHEM, *Ce qu'on disait des Indes occidentales avant Christophe Colomb* (*Revue générale des Sciences,* XIXe année, p. 402; 30 Mai 1908).

L. Apulei Madaurensis philosophi. platonici. cosmographia sive de. mundo. ad Faustinum. liber. incipit.

L'ouvrage commence per ces mots: *Consideranti michi: et diligentius intuenti....*

Il se termine au recto du fol. 102 par ces mots: *Eique se totum dedit atque permisit,* suivis de la date de la copie: *7. kl. Junias. 1492. Neap.*

Le verso du fol. 102 et les foll. 103 et 104 sont blancs.

Au fol. 105, recto, nous trouvons ce titre: *Liber qui Tacuinus sanitatis in medicina nuncupatur. Quem composuit Elbulkassem Armuthac filius habaldin filii Buccilan medici de Baldach.*

L'ouvrage débute par les mots: *Tacuinum sanitatis in medicina....* Il se termine, au verso du fol. 171, par les mots: *Sicut pertinet Majestati sue Amen,* suivis de: *Explicit Tacuinus sanitatis in medicina compositus per Albukassem elmuthac habadin filii buccilan medici de baldach.* Au dessous, se trouve la signature du copiste: *19. septembris 1477. imperfecto Neapoli. per. A. de bruxella ex exemplari corrupto.*

En haut de la marge du fol. 172, recto, presque rognés par le relieur, se trouvent ces mots: *die. D. 21. decembris 1478.* Ensuite vient ce titre:

Paladii Rutili Emilii Thauri viri illustris opus agriculture de preceptis rei rustice incipit prologus.

Ce tite est répété une seconde fois avec interversion des deux noms *Emilii* et *Thauri.*

L'ouvrage commence ainsi: *Pars est prima prudentie....* Il prend fin au recto du fol. 183 par ces mots: *Vel venatorio possint esse communes,* que suit la date: *24. Decembris. 1478.*

Le verso du fol. 183 est blanc, aiusi que les fol. 174 et 185.

Du recto du fol. 186 au recto du fol. 226 s'étend l'ouvrage étudié ci-après.

Le verso du fol. 226 est blanc. Il en est de même des fol. 227 à 234.

En tête du recto du fol. 235, on lit ce titre: *Tractatus Alberti magni de Geographia. seu Cosmographia.*

Le traité débute ainsi: *De linea locorum que provenit....* Au verso du fol. 258, il prend fin en ces termes: *Hec autem pro-*

prietates locorum sufficienter in genere dicte sunt. On reconnaît, en cet écrit, l'opuscule d'Albert le Grand plusieurs fois imprimé sous ce titre : *De natura locorum.*

Le reste du recueil se compose uniquement de feuillets blancs.

II.

Description et analyse du texte que nous attribuons à l'*Opus tertium* de Roger Bacon.

I. Au recto du fol. 186, en haut de la page se lit, en rouge, le titre suivant :

Liber tertius Alpetragii. In quo tractat de perspectiva : De comparatione scientie ad sapientiam : De motibus corporum celestium secundum ptolomeum. De opinione Alpetragii contra opinionem ptolomei et aliorum. De scientia experimentorum naturalium. De scientia morali. De articulis fidei. De Alkimia.

Le texte commence par ces mots :

Postquam manifestavi mathematice potestatem,....

A la fin du fol. 226, recto, ce même texte se termine par ces mots :

Similiter oporteret..... elemento vel mixto posset tolli natura.

Un blanc subsiste entre les deux mots : *oporteret* et : *elemento.*

Cette phrase est suivie de la mention que voici :

In exemplo sic cadduco non repperi plus. 1476, 15 decembris hora 15 parum post ortum solis.

Que l'ouvrage ne soit pas d'Alpetragius, en dépit de l'indication donnée par le titre, cela ne saurait faire l'objet d'aucun doute ; une partie de l'écrit est consacrée non seulement à exposer le système astronomique d'Al Bitrogi, mais encore à le comparer avec le système de Ptolémée. Après bien des hésitations et des controverses, l'auteur parait donner à la théorie de l'Astronome hellène la préférence sur la théorie de l'Astronome arabe.

L'auteur du texte considéré n'étant pas Al Bitrogi, qui est-il ? La lecture même la plus superficielle suffit à démontrer que ce texte est de Roger Bacon et qu'il est un fragment de l'*Opus tertium.*

Cette conclusion est imposée par des phrases telles que les suivantes :

Expressi in OPERE MAJORI (fol. 188, v°; répété deux fois)

Ostendi in tractatu geometrie, tam in OPERE TERTIO *quam* PRIMO. (fol. 191, r°).

Posui figuras superficiales in OPERE PRIMO,.... *sic nunc, in hoc* OPERE TERTIO, *volo figuras protrahere....* (fol. 207, r°).

Et hoc corpus equale de quo scripsi in SECUNDO OPERE *et* PRIMO (fol. 211, v°).

Elle s'impose également par la forme de l'ouvrage, qui est celle d'une lettre adressée à un personnage vénéré que l'auteur désigne par les appellations dont Bacon, au cour de l'*Opus majus,* de l'*Opus minus* et de l'*Opus tertium,* use à l'égard du pape Clément IV.

Elle s'impose encore par le retour de certaines idées chères à Roger Bacon, telles que l'accusation d'ignorance à l'encontre des Latins ; les phrases suivantes, par exemple, ne portent-elles pas comme la signature de l'auteur ?

Non solum a vulgo Latinorum, sed a sapientibus multis ignoratur (fol. 186, r°).

Que igitur ignorantur a vulgo Latinorum et ejus capitibus in studio hic conscribo (fol. 194, r°).

Nec potest addi quantum oportet, nisi Vestra ordinaverit Celsitudo, quoniam instrumenta desunt Latinis. (Ibid.).

D'ailleurs, l'étude des diverses parties qui composent le texte transcrit par Arnaud de Bruxelles suffirait à mettre hors de toute contestation l'attribution de ce texte à l'*Opus tertium* de Roger Bacon.

II. Le titre mis en tête de ce texte en constitue un sommaire fort exact.

Ce titre commence par ces mots : *Liber tertius Alpetragii. In quo tractat de perspectiva.* Le texte debute (fol. 186, r°) par ces mots : *Postquam manifestavi mathematice potestatem, aspiravi ad perspective dignitatem.* Huit chapitres, qui s'étendent du fol. 186, r°, au fol. 193, r°, sont, en effet, consacrés à l'exposé de la Perspective, c'est-à-dire, en langage moderne, de l'Optique.

Ces huit chapitres ne font que reprendre, et dans le même ordre, ce que Bacon avait dit de la Perspective en la *Pars quinta* de l'*Opus majus* (1), abstraction faite des quatre chapitres qui composent la dernière *Distincrio* (2). Dans quel but cette récapitulation, exempte de tout développement nouveau, des matières déjàtraitées en l'*Opus majus?* Bacon nous le dit: « *Et nunc volo discurrere per principales veritates tactas in singulis distinctionibus et capitulis; ut si scriptum quod misi fuerit amissum, videat Vestra Sapientia que debetis a sapientibus hujus mundi de hac scientia nobili requirere* » (fol. 186, r°).

III. Après les mots *De perspectiva,* le sommaire qui sert de titre au texte manuscrit insère ces mots: *De comparatione scientie ad sapientiam.* Ce titre est reproduit en tête d'un Chapitre, numéroté *Cap. VIIII,* qui commence au fol. 193, r° et finit au fol. 194, r°. Ce chapitre correspond à la dernière *Distinctio* (3) de la cinquième partie de l'*Opus majus;* cette *Distinctio* porte, en effet, le titre suivant: *Ultima distinctio: de comparatione perspectivae ad sacram sapientiam et mundi utilitates.*

IV. Le titre général du texte manuscrit continue en ces termes: *De motibus corporum celestium secundum ptolomeum. De opinione Alpetragii contra opinionem ptolomei et aliorum.*

La partie ainsi annoncée est une des plus importantes de tout l'ouvrage, soit que l'on veuille suivre l'évolution de la pensée de Roger Bacon au sujet des doctrines astronomiques, soit que l'on se propose d'étudier l'histoire de ces mêmes doctrines au XIIIe siècle.

Cette partie commence au fol. 194, r°, par le titre: *De motibus corporum celestium* et par ces mots: *Hic in fine perspectivarum volo advertere aliqua de motibus celestibus.*

Pourquoi cette disgression sur les mouvements célestes, dont l'*Opus majus* ne parlait pas, se trouve-t-elle placée à la suite de ces considérations sur la Perspective qui résumaient simplement le premier écrit de Bacon? Celui-ci nous le dit:

(1) ROGERI BACON *Opus majus*, éd. Jebb, p. 256 à p. 353; éd. Bridges, vol. II, p. 1 à p. 159.

(2) Ibidem, éd. Jebb, p. 353 à p. 357; éd. Bridges, vol. II, p. 159 à p. 166.

(3) Ibidem, éd. Jebb, p. 353 à p. 357; éd. Bridges, vol. II, p. 159 à p. 166.

« *Nam non potest fieri certificatio de eis, nisi per visum, mediantibus instrumentis Perspective. Propter quod Ptolomeus, in quinto Perspective, negociatur de celestibus, propter hujusmodi instrumenta. Et in omnibus instrumentis quibus astronomi utuntur in consideratione celestium fit inspectio per visum* ».

C'est là une transition bien plutôt que la raison de l'ordre adopté par Bacon; aussi celui-ci continue-t il en ces termes, qui nous expliquent le désordre de plusieurs de ses ouvrages et les traités disparates que l'on y rencontre parfois sous forme de disgressions: « *Potuissem vero in multis locis hanc distinctionem de celestibus addidisse. Sed quia hii sunt tractatus preambuli, et non principales, ideo pono singula secundum quod mihi occurrunt. Et tamen propter convenientiam Perspective et potestatem ejus respectu celestium, locus optior occurrit. Quoniam etiam omnia que scripsi fere sunt secreta, ideo gratis dissimulavi loca propria multorum, ne forsan, propter viarum pericula, aliquod operum istorum que misi ad manus deveniret alicujus contra meam voluntatem* ».

Vers la fin du fol. 194, r°, on trouve à la marge le titre suivant, écrit en rouge: *Opinio Ptolomei de duobus motibus principalibus celorum;* le développement ainsi annoncé commence par ces mots: *Ptolomeus igitur, atque plures ejus sequaces;* il se termine au fol. 195, r°, par ces mots: *cujus apparet eorum inuniformitas.*

Ce premier développement devrait être compté pour un premier chapitre, car il est suivi de ce titre, en rouge: *De motu Solis. II.* Ce nouveau chapitre commence par les mots: *In Sole igitur;* il renferme une figure (la première que présente l'écrit étudié); il se termine en haut du fol. 195, v°, par les mots: *Sic igitur per solum ecentricum irregularitatis cauam in motu Solis apparentis assignavit.*

Vient alors le chapitre: *De motibus Lune. III,* commençant par les mots: *In Luna autem,* et finissant par ceux-ci: *Ad alvandum apparentiam.*

C'est ancore au fol. 191, v°, que le chapitre: *De motu Saturni, Jovis et Martis. IIII* commence ainsi: *In Saturno, ove et Marte.* Il se termine au fol. 196, r°, par ces mots: *Ad maginandum causas apparentium in ipsis.*

Il est aussitôt suivi du titre: *De motibus Veneris et Mercurii. V.* Ce cinquième chapitre, qu'ouvrent les mots: *In Venere et Mercurio similiter,* se clôt au fol. 196, v°, par les mots: *Sed ipsa scire poterit qui Almagesti diligenter inspicere voluerit.*

Cet examen diligent de l'Almageste, auquel il renvoie son lecteur, il semble bien que Bacon l'ait pratiqué pour son propre compte; en effet, les cinq chapitres que nous venons de mentionner renferment un résumé fort exact des hypothèses de de Ptolémée; il ne parait pas, d'ailleurs que ce résumé ait été fait de seconde main, au moyen de quelque traité astronomique de composition arabe ou chrétienne; tout fait croire qu'il est inspiré par la lecture directe de la *Syntaxe mathématique.*

Le titre: *De sententiis aliorum qui imitati sunt Ptolomeum* annonce un chapitre qui commence au fol. 196, v°, par ces mots: *Sunt autem Ptolomeum imitati,* et se termine en la même page par ceux-ci: *et ad ipsum tabulas Toleti composuit.* Ce chapitre expose ce qu'Al Battâni (Albategni), Thâbit ibn Kourrah (Thebit) et Al Zarkali (Azarchel) ont modifié en la théorie de la précession des équinoxes telle que Ptolémée l'avait formulée.

Au bas du fol. 196, v°, la mention suivante est tracée en rouge: *Notanda est sententia Alpetragii, qui nititur reprobare sententias predictorum et opiniones naturalium stabilire.* Cette mention annonce un développement qui commence, en haut du fol. 197, r°, par les mots: *Post Ptolomeum et dictos ejus sequaces,* et prend fin, en haut du fol. 197, v°, par les mots: *simpliciter immobilis perseverat.*

Un nouveau titre, écrit en rouge: *De alio motu a primo mobili* annonce un chapitre qui débute ainsi: *Preter hunc autem motum primum,* et que terminent les mots: *Non positionem considerans.*

Un troisième titre, toujours en rouge: *De motu proprio orbis stellati,* précède ces mots: *Orbis igitur stellatus;* le chapitre ainsi commencé prend fin au fol. 198, v°, par les mots: *librum suum diligenter inspiciat.*

Les trois chapitres que nous venons d'énumérer présentent les hypothèses par lesquelles l'astronome arabe Al Bitrogi (Alpetragius) proposa d'expliquer les mouvements célestes, tout en usant seulement de sphères homocentriques. Cet exposé du système d'Al Bitrogi est, de beaucoup, le plus complet et le plus exact que le Moyen-Age occidental ait produit; ici, et plus sûrement encore que pour le système de Ptolémée, Roger Bacon ne s'est point fié à des renseignements de seconde main; il a pris directement connaissance du traité d'Al Bitrogi, sans doute à l'aide de la traduction donnée par Michel Scot.

Le système de Ptolémée d'une part, le système d'Al Bitrogi d'autre part, se trouvant exposés au lecteur, Bacon entreprend l'examen des arguments que l'on peut faire valoir pour ou contre chacun de ces deux systèmes. Entre ces deux doctrines, en effet, l'hésitation était grande parmi les savants et les philosophes du XIIIe siècle. Bien des discussions se proposaient de conduire à une solution raisonnable. De ces discussions, il n'en est aucune qui, par le soin avec lequel sont énumérées toutes les raisons que l'on peut invoquer en des sens différents, par le scrupule minutieux avec lequel chacune de ces raisons est pesée, puisse rivaliser avec le débat qu'institue Roger Bacon.

Ce débat est annoncé par le titre suivant, écrit en rouge, au fol. 198, v°: *Notande sunt optime contradictiones istarum opinionum, et primo de opinione Ptolomei quantum ad motus duos principales.* Il débute par ces mots: *Visis opinionibus, tam Ptolomei quam Alpetragii.* Jusqu'aux mots: *Patet igitur solutio hujus rationis,* qui se trouvent au fol. 200, v°, l'auteur examine les objections qui reprochent à Ptolémée d'avoir attribué deux sortes de mouvements principaux aux corps célestes, le mouvement d'orient en occident et le mouvement d'occident en orient; ces objections, il les trouve mal fondées.

Le titre *De ecentricis et epiciclis ac motibus planetarum* annonce une nouvelle phase de la discussion; elle s'ouvre par ces mots: *Consequenter queritur de circulis et motibus quos ponit Ptolomeus in orbibus planetarum,* et se prolonge jusqu'à ceux-ci, qui se lisent au fol. 202, r°: *Cum quilibet, secundum ipsum, habet centrum appropriatum.* En ce passage, Roger Bacon reprend tous les arguments qui ont été proposés par les adversaires de la théorie des excentriques et, en particulier, par Averroès;

parmi ces arguments, il en est qu'il regarde comme sans valeur; d'autres, au contraire, qu'il développe longuement, lui semblent probants.

Mais, au moment de conclure au rejet de la théorie des excentriques, il rouvre le débat pour discuter: *Quedam ymaginatio modernorum.*

Aucun titre ne désigne cette nouvelle partie de la discussion; elle est seulement signalée par la lettre capitale qui commence ces mots: *Hec igitur considerantibus.* Elle se prolonge jusqu'aux mots: *Ex eorum motu accideret aliquod dictorum impossibilium,* qui se trouvent au fol. 205, v°.

Toute cette partie est consacrée à exposer et à discuter les agencements d'orbites solides par lesquels Ibn al Haitam (Alhazen), développant une indication de Simplicius, avait tenté de figurer les mouvements célestes imaginés par Ptolémée; ces agencements, eu effet évitent les principales objections d'Averroès et de son École. Ces combinaisons bien connues se rencontrent, dès la fin du XIIIe siècle, au *Tractatus super totam Astrologiam* du franciscain Bernard de Verdun, ouvrage dont nous aurons à nous occuper plus loin (§ X); à partir du XIVe siècle, elles deviennent extrêmement usuelles, et elles demeurent classiques dans l'enseignement astronomique jusqu'à la chute du système de Ptolémée.

Bacon explique fort soigneusement ces agencements d'orbes; il trace même deux grandes figures; l'une, qui se trouve au recto du fol. 203, représente les divers orbes du Soleil; l'autre, qui occupe tout le verso du fol. 204, dessine les orbites de la Lune.

Tout en accordant (fol. 205, r°) que ces combinaisous d'orbes solides évitent quelques unes des objections adressées au système de Ptolémée, Bacon est bien loin de penser qu'elles suffisent à résoudre toutes les difficultés: « *Sed qui hac ymaginatione gaudent,* dit il, *credentes ex ea possibilitatem circulorum et motuum quos ponit Ptolomeus declarasse, propriam ignorantiam eorumdem motuum ostendunt* ».

Cette combinaison d'orbes n'évite d'ailleurs pas les objections que soulève l'hypothèse de l'épicycle; Bacon le rappelle dans un court paragraphe qui commence par les mots: *Ex his autem que contra dictam opinionem,* et se termine par cette conclusion: « *Ex predictis igitur apparet impossibilitas ecentricorum et epiciclorum et eorundem quorundam motuum quos ponunt Ptolomeus et ejus sequaces* ».

Cette conclusion ne met pas fin, cependant, aux critiques que Bacon dirige contre le système de Ptolémée. Il lui faut encore, au nom des principes de la Physique péripatéticienne, déclarer impossibles les mouvements d'oscillation par lesquels l'*Almageste* explique les variations d'inclinaison du plan de l'épicycle sur le plan de l'excentrique. Il le fait en un paragraphe qui commence par ces mots: *De aliis etiam eorum quibusdam motibus quos ponit,* et qui aboutit à cette conclusion: « *Quare predicti motus, cum sint omnes reflexivi, non sunt possibiles* ».

Par cette discussion, Bacon devrait, semble-t-il, aboutir au rejet du système de Ptolémée et à l'adoption du système d'Al Bitrogi. Mais, pour se résoudre à ce parti, il lui faudrait oublier les raisons de fait qui condamnent l'Astronomie de l'Auteur arabe et militent en faveur des hypothèses de l'Auteur hellène; il lui faudrait oublier, en particulier, toutes les preuves par lesquelles on peut établir que chacun des astres errants ne demeure pas toujours à la même distance de la Terre. Ces preuves, il les connaît fort bien; il les établit, avec une remarquable netteté, en un Chapitre qui débute, au recto du fol. 206, par cette phrase: « *Licet autem hec objecta videantur astronomiam Ptolomei destruere, tamen sunt difficillime rationes experimentales ipsam, quantum ad positionem ecentricorum vel epiciclorum, confirmantes* ». Ce chapitre se termine au fol. 206, v°, par les mots: *Sicut per visum et ea que probantur in fine Almagesti probari poterit.*

À la suite de cet examen minutieux des doctrines de Ptolémée et d'Al Bitrogi, le lecteur serait en droit d'attendre que l'Auteur lui proposât un choix entre ces deux doctrines; ce choix, Bacon n'indique point en quel sens il se doit faire; il ne semble pas qu'il soit arrivé à se déterminer lui-même; la Philosophie naturelle lui paraît contraire aux hypothèses de

Ptolémée et l'observation des faits se montre inconciliable avec les doctrines d'Al Bitrogi; l'illustre Franciscain s'est arrêté devant cette antinomie, et rien ne nous laisse supposer qu'il soit parvenu à la résoudre.

V. — À la suite des phrases par lesquelles il annonçait cette importante discussion astronomique, le titre général du manuscrit portait ces mots: *De scientia experimentorum naturalium*. Il annonçait ainsi une partie de l'ouvrage que nous trouvons plus explicitement désignée, au début du fol. 207, r°, par ce titre écrit en rouge:

De scientia experimentorum: que dicitur dignior omnibus partibus philosophie naturalis de perspectivis: et ideo notanda est maxime.

À la suite de ce titre, nous lisons: « *Hic terminatur pars quinta* OPERIS MAJORIS, *et sequitur pars sexta, que est dignior omnibus aliis et longe potentior* ». Ce début nous annonce qu'après la digression consacrée à l'étude des mouvements célestes, nous reprenons l'ordre de l'*Opus majus*.

L'*Opus tertium* ne se borne cependant pas, en cette partie, à analyser l'*Opus majus;* il apporte à ce dernier ouvrage un important complément. La sixième partie de l'*Opus majus* avait fortement insisté sur la théorie de l'arc-en-ciel, mais n'avait rien dit du halo. En l'*Opus tertium,* Bacon parle longuement de ce dernier météore et de ses relations avec l'arc d'Iris. Une grande figure, qui occupe une partie du verso du fol. 207, met ces relations en évidence. Le copiste avait dénaturé certaines parties de cette figure, qu'il avait sans doute mal comprise; le texte nous a permis aisément de restituer la disposition voulue par l'Auteur.

La théorie du halo prend fin, au fol. 210, v°, par ces mots: *Et formam discipuli optineret.*

Après cette théorie du halo, Bacon reprend un exposé, parfois légèrement amplifié, des questions dont traite, vers sa fin, la sixième partie de l'*Opus majus.*

Depuis les mots: *Habet autem hec scientia aliam prerogativam,* qui se trouvent au fol. 210, v°, jusqu'aux mots: *Ideo est summe dignitatis,* qui se lisent au fol. 212, r°, les questions traitées par l'*Opus tertium* correspondent à celles que l'*Opus majus* examine (1) sous ce titre: *Capitulum de secunda praerogativa scientiae experimentalis.*

Signalons, toutefois, un chapitre qui commence au fol. 211, r°, par ce titre: *De scientia quinte essentie* et par ces mots: *Deinde hec scientia nobilissima,* et qui prend fin aux mots: *Ideo est summe dignitatis* du fol. 212, r°. Bacon y réprouve, avec la plus grande énergie, les livres et les pratiques de la magie et de la sorcellerie; le chapitre fournit un document important à ceux qui s'inquiètent des idées de Bacon au sujet des sciences occultes.

Des mots: *Et ejus dignitas extra terminos aliarum scientiarum,* qui se lisent au fol. 212, r°, jusqu'aux mots: *Et capiet omnes sicut aves in viscatas,* qui se trouvent au fol. 214, r°, l'*Opus tertium* reprend les matières traitées en la sixième partie de l'*Opus majus* (2) sous le titre: *Capitulum de tertia praerogativa vel dignitate scientiae experimentalis.* L'*Opus tertium* apporte parfois, ici, d'intéressants compléments à l'*Opus majus;* c'est ainsi que Bacon donne, au fol. 213, r°, la formule claire de la poudre à canon, dont, en ses autres écrits, il avait seulement parlé par voie d'allusion ou dont il avait seulement donné la formule en langage alchimique.

VI. — Venons maintenant à ce que le titre général promet en ces termes: *De scientia morali. De articulis fidei.* L'annonce, en rouge: *De morali alias civili scientia* que nous trouvons au fol. 214, r°, nous apprend que nous somnes parvenus au sujet promis. Il s'agit de la Morale, qui formait la septième partie de l'*Opus majus* et dont Bridges a publié tout ce qu'il a pu trouver. Un court préambule (*Post hoc extendi manum..... nec est quilibet ydoneus ad quodlibet*) précède cette déclaration: « *Hec igitur scientia habet sex partes principales* ».

Le titre *De Theologia,* mis en rouge à la marge, annonce la première partie, dont l'exposé commence par ces mots:

---

(1) Rogeri Bacon *Opus majus,* éd. Jebb, pp. 465-472; éd. Bridges, Vol. II, pp. 202-215.

(2) Ibidem, éd. Jebb, pp. 473-477; éd. Bridges, Vol. II. pp. 215-222.

Prima tangit ea, et se termine, en bas du fol. 214, v° et en haut du fol. 215, r°, par cette phrase : « *Et hoc dicunt Sancti, ut declaravi in* OPERE PRIMO, *scilicet parte secunda, et septima, scilicet in hac scientia morali* ». Cette première partie de la Morale exposée en l'*Opus tertium* correspond très exactemeut à la première partie de la Morale enseignée en l'*Opus majus* (1).

Ce que l'*Opus majus* (2) désigne comme seconde partie de la Morale est présenté en l'*Opus tertium* sous le titre : *De secunda parte scientie moralis,* qui se lit au fol. 215, r°. Cette seconde partie commence par les mots : *Pars vero secunda hujus scientie moralis,* et se termine, au bas du fol. 215, r°, par les mots : *Quod jus populare non requirit.*

Le fol. 215, v°, commence par ce titre : *De tertia parte moralis philosophie* et ces mots : *Tertia pars moralis philosophie.* Au fol. 216, r°, les mots : *Que remanserunt incorrecta* mettent fin à cette troisième partie, qui concorde avec la troisième partie de la Morale donnée en l'*Opus majus* (3).

Bridges a publié la quatrième partie de la Morale de l'*Opus majus* (4). L'*Opus tertium* résume cette partie sous le titre, écrit en rouge au fol. 216, r° : *De 4ª parte moralis philosophie.* Le résumé commence par les mots : *Quarta pars moralis philosophie* et s'achève au fol. 221, r°, par les mots : *Et sint remedia in hac parte.*

La cinquième et la sixième partie de la Morale exposée en l'*Opus majus* n'ont pas été retrouvées jusqu'ici. L'*Opus tertium* nous en donne le résumé. La résumé de la cinquième partie, annoncé au fol. 221, r°, par le titre : *De quinta parte philosophie moralis,* commence aux mots : *Terminata parte quarta,* pour prendre fin, au fol. 221, v°, avec les mots : *Super modos philosophicos.*

Le résumé de la sixième partie occupe, au même folio, une seule phrase : *Et tandem in fine innuebam.... et excusavi me ab expositione istius partis.*

---

(1) ROGERI BACON *Opus majus,* éd. Bridges, Vol. II, pp. 223-249.
(2) Ibidem, éd. Bridges, Vol. II, pp. 250-253.
(3) Ibidem, éd. Bridges, Vol. II, pp. 254-365.
(4) Ibidem, éd. Bridges, Vol. II, pp. 366-403.

A la suite de cette phrase, nons lisons: *Et sic terminatur tota intentio* OPERIS PRINCIPALIS. L'analyse de l'*Opus majus* est achevée.

VII. Nous rencontrons maintenant un chapitre qui n'était pas annoncé au titre général, mais dont l'intérêt est fort grand; ce chapitre contient, en effet, une analyse de l'*Opus minus*, et cette analyse est plus détaillée que celle que l'on connaissait déjà par la partie précédemment publiée de l'*Opus tertium*. Cette analyse commence au fol. 221, v°, par les mots: *Deinde cogitavi opus aliud;* elle se poursuit jusqu'au fol. 222, r°, où se lisent les mots: *Et obstinati magnifice reprimantur.*

La phrase: « *Et sic terminatur intentio* OPERIS UTRIUSQUE » nous apprend que Bacon a mis la dernière main au résumé des deux ouvrages qu'il avait précédemment adressés au pape Clément IV.

VIII. Mais l'*Opus tertium* n'est pas encore achevé. Le titre général se terminait par ces mots: *De Alkimia.*

Le traité ainsi annoncé se compose de trois chapitres.

Le premier chapitre, intitulé *De enigmatibus Alkimie,* commence au fol. 222, r°, par les mots: *Quoniam vero non expressi sufficienter:* les mots: *Sit secundum cor meum* le terminent au fol 223, r°. Bacon y explique au Pape pourquoi il est nécessarie d'exprimer sous forme énigmatique les recettes de l'Alchimie; il énumère et analyse les divers traités alchimiques qu'il lui a précédemment envoyés.

Le second chapitre a pour titre; *De expositione enigmatum Alkimie;* il est compris entre la phrase: *Expositio igitur enigmatum universalis* (fol. 223, r°) et la phrase: *Ubi radices Alkimie speculative exposui* (fol. 224, r°).

Enfin, le troisième chapitre a pour titre: *De clavibus Alkimie;* les premiers mots sont: *Claves vero hujus artis* (fol. 224, r°); les derniers sont: *Omnem convincere fraudulentem* (fol. 225, r°).

IX. Ce traité d'Alchimie comble le programme tracé par le titre général. Cependant le texte copié par Arnaud de Bruxelles ne prend pas encore fin. A la suite du traité d'Alchimie, au fol. 225, r°, se lit ce long titre, tracé en rouge: *Hic incipit magnus tractatus et nobilis: De rerum naturalium genera-*

tione: per quem tota philosophia naturalis quantum ad potestatem generationis rerum sciri potest cum illis que dicta sunt in aliis de efficiente et de unitate materie.

Le traité ainsi intitulé commence par ces mots: « *Hiis habitis, volo descendere ad ea que pertinent rebus generabilibus et corruptibilibus ut prosequar ea que in operibus aliis non sunt tacta* ».

Ce traité de la génération et de la corruption est malheureusement incomplet; au fol. 226, r°, se lit cette phrase, où un mot est laissé en blanc: « *Similiter oporteret..... elemento vel mixto posset tolli natura* ». A la suite de cette phrase, le copiste, avant de dater son ouvrage, a écrit: *In exemplo sic cadduco non repperi plus;* le manuscrit primitif, lacéré, ne contenait pas la fin du traité de la génération et de la corruption.

Ce traité faisait-il partie intégrante de l'*Opus tertium?* Pouvons nous en retrouver la fin? Ce sont de questions que nous examinerons et que nous résoudrons plus loin (*Vide infrà,* § VIII).

III.

Position que le texte étudié occupait en l'*Opus tertium*. Renseignements qu'il fournit au sujet de l'*Opus tertium*.

Le fragment que nous venons de décrire représente, à n'en pas douter, une parte importante de l'*Opus tertium* de Roger Bacon.

Aussitôt cette constatation faite, deux questions se posent à nous: Quelle est la relation le cette partie nouvelle avec la partie dejà connue et publiée de l'*Opus tertium* (1)? Ces deux parties représentent-elles la totalité de l'ouvrage ou bien laissent-elles encore des lacunes à combler?

I. Le fragment que nous étudions ne contient pas une seule ligne qui se rencontre en la partie publiée par Brewer. Pour marquer la position respective de ces deux textes, il nous faut donc recourir à ce que nous savons du plan de l'*Opus tertium.*

(1) Fr. Rogeri Bacon, *Opera quaedam hactenus inedita.* Vol. I containing. I. *Opus tertium.* II. *Opus minus.* III. *Compendium Philosophiae.* Edited by J. S. Brewer. London, 1859.

Ce plan est très sommairement indiqué par Bacon dans les lignes suivantes, qui se trouvent au début de l'ouvrage (1) :

« *Sicut propter has rationes* OPUS SECUNDUM *ad intelligentiam et complementum* PRIMI *composui, sic propter easdem hanc* SCRIPTURAM TERTIAM *formavi ad intelligentiam et perfectionem utriusque operis praecedentis. Nam quamplurima hic adduntur magnifica decorem sapientae continentia, quae in locis aliis non habentur* ».

Nous devons donc nous attendre à trouver en l'*Opus tertium* une analyse de l'*Opus majus,* puis de l'*Opus minus,* cette analyse étant enrichie d'additions diverses.

Ce plan, nous l'avons vu très exactement suivi en décrivant le fragment que nous étudions. Les diverses parties de l'*Opus majus* ont été analysées dans l'ordre même où cet écrit les présente ; puis est venu un résumé de l'*Opus minus.* Des développements nouveaux ont été donnés per Bacon au sujet des mouvements des corps célestes, du halo, de l'Alchimie ; mais ces additions ont été expressément signalées comme telles, et l'auteur a donné les raisons pour lesquelles il les avait composées et mises à la place qu'elles occupent.

Nous devons croire que ce même plan était suivi en toute l'étendue de l'*Opus tertium ;* il nous permettra donc d'assigner leurs places respectives aux divers fragments de cet ouvrage.

Or, si nous parcourons les soixante-quinze chapitres dont se compose le fragment publié par Brewer, nous constatons que les vingt-et-un premiers chapitres constituent une introduction générale à l'ensemble de l'ouvrage, introduction qui, peut-être, analyse un préambule à l'*Opus majus* non reproduit par les éditeurs de cet œuvre ; que le Chapitre XXII traite des mêmes questions que la première partie de l'*Opus majus,* et que Bacon y écrit (2) : « *Totam vero primam partem* MAJORIS OPERIS *facio de hac materia* » ; que le chapitre XXIII commence par ces mots (3) : « *Deinde agressus sum partem secundam* » ; qu'au cours du Chapitre XXIV, nous lisons (4) : « *Et sic terminatur*

(1) ROGERI BACON *Opus tertium*, Cap. I ; éd. Brewer, p. 6.

(2) Ibidem, éd. Brewer, p. 72.

(3) Ibidem, éd. Brewer, p. 73.

(4) Ibidem, éd. Brewer, p. 81.

pars secunda »; que le Chapitre XXV débute ainsi (1): « *Transeo igitur ad partem tertiam in* OPERE MAJORI »; que les chapitres XXV, XXVI et XXVII traitent en effet des questions qui sont exposées en la troisième partie de l'*Opus majus;* enfin, que le Chapitre XXVIII aborde la quatrième partie de l'ouvrage fondamental, comme l'annonce cette première phrase (2): « *Procedendum est ad expositionem quartae partis quae est de mathematicae potestate* ».

D'autre part, le texte que nous étudions commence par ces paroles: « *Postquam manifestavi mathematice potestatem, aspiravi ad perspective dignitatem* ». Il est donc clair qu'il doit prendre place à la suite du fragment édité par Brewer.

II. Ces deux parties de l'*Opus tertium* se soudent elles immédiatement l'une à l'autre? Pour répondre à cette question, examinons avec quelque soin les quarante-huit derniers chapitres du texte édité par Brewer, ceux au début desquels l'auteur a annoncé son intention d'exposer la quatrième partie de l'*Opus majus.* Voyons si ces chapitres fournissent bien le résumé promis de la quatrième partie.

Les deux Chapitres XXVIII et XXIX de l'*Opus tertium* correspondent très exactement à la *Distinctio prima* de la quatrième partie de l'*Opus majus*; le début du Chapitre XXX de l'*Opus tertium* reproduit presque mot pour mot le début de la *Distinctio secunda* de cette même partie; ce Chapitre XXX expose, et souvent dans les mêmes termes, les questions traitées aux Chapitres I et II de cette *Distinctio secunda.*

« *Deinde converti stylum ad multiplicationem specierum a loco suae generationis* », dit Bacon (3) au début du Chapitre XXXII de l'*Opus tertium;* de même, en la *Distinctio secunda* dont nous parlons, le deuxième Chapitre porte ce titre: *In quo canones multiplicationis agentium secundum lineas et angulos explicantur;* ce Chapitre, qui termine la *Distinctio secunda,* est analysé par les Chapitres XXXII, XXXIII, XXXIV et XXXV de l'*Opus tertium.*

---

(1) ROGER BACON, *Opus tertium,* Cap. I; éd. Brewer, p. 88.

(2) Ibidem, éd. Brewer, p. 102.

(3) Ibidem, éd. Brewer, p. 110.

Le Chapitre XXXVI de l'*Opus tertium* analyse exactement la *Distinctio tertia* de la quatrième partie de l'*Opus majus ;* les six premiers chapitres de la *Distinctio quarta* sont résumés au Chapitre XXXVII de l'*Opus tertium.*

La matière est-elle la même en tous les individus? Cette question est, au XIIIe siècle, l'objet d'un grave débat. Bacon prend part à ce débat au Chapitre VII (*Pars* IV, *Dist.* IV) de l'*Opus majus* et au Chapitre XXXVIII de l'*Opus tertium;* le Chapitre IX de l'*Opus majus* correspond de même au Chapitre XXXIX de l'*Opus tertium.*

« *Deinde texui sermonem da figuratione corporum mundi* »; ainsi s'exprime Bacon (1) au debut du XLe chapitre de l'*Opus tertium;* les premières lignes de ce chapitre rappellent brièvement les questions traitées aux Chapitres X et XI de la partie de l'*Opus majus* qui est ici analysée; le reste de ce chapitre correspond au XIIe chapitre de la *Distinctio quarta* de la quatrième partie de l'*Opus majus.*

En cette même *Distinctio,* le Chapitre XIII a pour titre: *An possint esse plures mundi, et an materia mundi sit extensa in infinitum;* le sujet du Chapitre XIV est: *De unitate temporis.* Ces deux chapitres sont fort courts. C'est au premier de ces chapitres que Bacon fait allusion lorsqu'il dit (2), au début du Chapitre XLI de l'*Opus tertium:* « *Deinde conclusi breviter per geometricas demonstrationes unitatem mundi et finitatem* ».

Quant au second de ces chapitres, l'analyse en commence un peu plus loin (3) par ces mots: *Quoniam vero circa tempus et aevum totaliter erratur.*

A ce qu'il a dit en l'*Opus majus,* il va joindre une longue et importante addition, qu'il annonce en ces termes: « *Et ideo hae veritates sunt magis theologicae, quam multae aliae a theologis disputae, ut de figura, et motu, et hujusmodi. Sed quia non sunt in usu eorum, ideo brevius transivi. Nunc autem addam aliqua quae in aliis operibus non habentur* ». Le temps,

(1) Rogeri Bacon *Opus tertium*, éd. Brewer, p. 135.
(2) Ibidem, éd. Brewer, p. 140.
(3) Ibidem, éd. Brewer, p. 142.

le mouvement, le vide, le lieu, sont les sujets de cette importante digression qui se termine, au Chapitre LII de l'*Opus tertium*, par ces paroles (1): « *Et quia haec difficillima sunt, cogitavi quod in aliquo operum haec notarem. Sed in* PRIMO *et* SECUNDO *aut non multum cogitavi de eis, ut excitarer ad scribendum, aut propter quantitatem operum libenter omisi, et propter hoc quod multum in illis festinavi. Nunc autem volo prosequi materiam* PRIMI OPERIS ».

Avec le Chapitre LIII de l'*Opus tertium*, Bacon revient donc à l'analyse de l'*Opus majus;* il aborde cette analyse en ces termes (2): « *Postquam igitur habita est comparatio mathematicae ad res et scientias philosophiae, secundario comparatur ad scientiam theologiae* ».

L'Auteur néglige, par conséquent, les deux derniers chapitres de la *Distinctio quarta* de l'*Opus majus,* chapitres qui ont pour obiet la *Scientia de ponderibus;* il en a fait, d'ailleurs, une brève mention au début du Chapitre XLII (3); il aborde maintenant l'exposé de la grande subdivision qu'il a marquée en la quatrième partie de l'*Opus majus* et qu'il a intitulée: *Mathematicae in divinis utilitas.* Du Chapitre LIII au Chapitre LVIII, l'*Opus tertium* analyse, avec plus ou moins de développement, tout ce qu'expose cette subdivision jusqu'à l'alinéa qui commence par ces mots (4): « *Musicalia vero secundum quod sancti determinant necessaria sunt theologiae in multis* ».

Cet alinéa, qui occupe deux pages, traite brièvement de la Musique. Bacon y fait allusion au début du LIXe Chapitre de l'*Opus tertium:* « *Post hoc tetigi utilitatem musicae in Scriptura* », dit-il (5); mais il ne se contente pas d'analyser ce qu'il en a professé en l'*Opus majus* et en l'*Opus minus:* « *Sed ut veraciter pateat utilitas musicae in particulari, expedit quod ejus partes principales revolvam; et in hoc additur ad* OPERA PRIORA (6) ».

(1) ROGERI BACON *Opus tertium,* éd. Brewer, p. 199.
(2) Ibidem, éd. Brewer, p. 199.
(3) Ibidem, éd. Brewer, p. 149.
(4) ROGERI BACON *Opus majus,* éd. Jebb, p. 149; éd. Bridges, Vol. I, p. 236.
(5) ROGERI BACON *Opus tertium,* éd. Brewer, p. 228.
(6) Ibidem, éd. Brewer, p. 229.

C'est moins de Musique proprement dite que Métrique et de Phonétique que traite cette importante addition. Elle prend fin avec le LXIVe Chapitre de l'*Opus tertium*.

Le LXVe Chapitre commence par ces mots (1): « *Post haec videbatur mihi opportunum inserere capitulum de excusatione Mathematicae* ». Il reprend l'exposé de la *Mathematicae in divinis utilitas* à partir de l'alinéa qu'ouvrent ces paroles (2): « *Manifestato quomodo mathematica necessaria est sapientiae tam divinae quam humanae* ». Ce LXVe chapitre de l'*Opus tertium* résume très sommairement ce que l'*Opus majus* a dit de la vraie et de la fausse Astrologie.

Le Chapitre LXVI de l'*Opus tertium* commence ainsi (3): « *Ostenso quod mathematica est necessaria scientiis, et rebus hujus mundi, et theologiae, evacuatis blasphemiis stultorum qui mathematicam ignorant, tunc consideravi mathematicam respectu Ecclesiae Dei* ». Ce préambule annonce un bref exposé de l'horoscope des religions; ce même horoscope est longuement examiné en l'*Opus majus;* le développement qui lui est consacré en cet écrit commence par ces mots (4): *Postquam potestas mathematicae respectu scientiarum philosophiae et rerum istius mundi et theologiae;* il prend fin sur ces mots (5): *Vel magis certitudo de tempore Antichristi.*

En l'*Opus majus,* ces mots (6): « *Nunc vero inferam secundum quod non solum expedit Ecclesiae....* » annoncent d'importantes réflexions touchant la réforme du calendrier. Ces réflexions, plus développées parfois, se retrouvent en l'*Opus tertium,* où elles occupent les Chapitres LXVII à LXXI.

« *Tertium quod exigitur ad usum Ecclesiae consistit in modo legendi, et psallendi, et componendi ea quae necessaria sunt officio divino* »; c'est par cette phrase que commence (7) le Chapitre

(1) Rogeri Bacon *Opus tertium*, éd. Brewer, p. 268.
(2) Rogeri Bacon *Opus majus*, éd. Jebb, p. 150; éd Bridges, Vol. I, p. 238.
(3) Rogeri Bacon *Opus tertium*, éd. Brewer, p. 270.
(4) Rogeri Bacon *Opus majus*, éd. Jebb, p. 160; éd. Brigdes, Vol. I, p. 253.
(5) Ibidem, éd. Jebb, p. 169; éd. Bridges, Vol. I, p. 269.
(6) Ibidem, éd. Jebb, p. 169; éd. Bridges, Vol. I, pp. 269-270.
(7) Rogeri Bacon *Opus tertium*, éd. Brewer, p. 295.

LXXII de l'*Opus tertium;* cette prase nous annonce que Bacon va parler de l'usage de la Musique dans l'Église; ce sujet occupe, en effet, les trois Chapitres LXXII à LXXV de l'*Opus tertium,* les trois derniers que Brewer ait publiés.

Un tel sujet n'est point abordé en l'*Opus majus* tel que nous le connaissons; en cet ouvrage, Bacon avait traité très sommairement de la Musique; il pouvait donc se faire qu'il n'indiquât pas en quoi les principes de cette science intéressaient l'Église; nous aurions alors affaire à une addition, conséquence naturelle de l'addition relative à la Musique qui a été précédemment signalée. On peut remarquer, toutefois, qu'en l'*Opus tertium,* Bacon ne traite jamais une question que délaissait l'*Opus majus,* sans signaler explicitement qu'il ajoute au plan de son premier ouvrage un développement nouveau; semblable déclaration ne se trouve pas ici; dès lors, il serait permis de penser que l'*Opus majus,* pris sous sa forme actuelle, présente une lacune, autrefois comblée par des considérations sur la Musique religieuse.

Avec cette addition, prend fin le fragment de l'*Opus tertium* que l'on connaissait jusqu'ici et que Brewer a publié. Mais il s'en faut bien que l'analyse de sujets traités en la quatrième partie de l'*Opus majus* soit maintenant épuisée. Le texte de cette partie se prolonge encore fort longuement, occupant les pages 180 à 255 de l'édition Jebb ou les pages 286 à 403 du premier volume de l'édition Bridges. Ce texte commence par la phrase suivante: « *Postquam declaratum est quomodo mathematica potenter requiritur ad philosophiam, et theologiam, et Dei Ecclesiam, nunc manifestandum est qualiter est necessaria rei publicae fidelium dirigendae* ». Par cette phrase, il est visible que le texte en question constitue une des grandes subdivisions de la quatrième partie de l'*Opus majus.* Bacon y exposait en grand détail les connaissances géographiques qu'il avait acquises; il y traitait ensuite de l'Astrologie judiciaire.

Si au fragment de l'*Opus tertium* publié par Brewer nous voulions souder immédiatement le fragment que nous avons exhumé, il nous faudrait admettre que Bacon, poursuivant son analyse, a omis, sans en toucher un seul mot, une partie très étendue et très importante de l'*Opus majus*. Une telle omission nous paraît de toute invraisemblance. Il nous semble beaucoup plus probable qu'une lacune sépare les deux fragments actuellement connus de l'*Opus tertium;* entr'eux trouvaient place des considérations plus ou moins étendues sur la Géographie et sur l'Astrologie.

III. Il est donc vraisemblable que notre fragment de l'*Opus tertium* ne se soude pas, immédiatement et sans lacune, au début de l'ouvrage, tel qu'on le connaissat déjà et que Brewer l'a publié. Nous conduit-il, du moins, jusqu'à la fin du troisième écrit adressé par Bacon au Pape Clément IV?

En notre texte, l'analyse de l'*Opus majus* est menée jusqu'au terme de cet ouvrage. Le résumé de l'*Opus minus* est complet. Enfin, le *Traité d'Alchimie* que Bacon a joint à ce résumé de ce second écrit est également achevé.

Mais à la suite de ce traité d'Alchimie commence un certain *Tractatus de generatione rerum naturalium* dont nous possédons seulement les premières pages, brusquement interrompues par la déchirure du texte primitif. Si ce traité fait partie de l'*Opus tertium,* il est bien clair que nous ne possédons pas la fin de cet ouvrage.

Or, en étudiant les *Communia naturalium* de Bacon, (*Vide infrà,* § VIII) nous trouverons la preuve que le *Tractatus de generatione rerum naturalium* appartient à l'*Opus tertium.* En même temps, nous serons mis en possession de la suite et, vraisemblablement, de la fin de ce *Tractatus.* S'il était done le dernier de l'*Opus tertium,* nous connaîtrions sans doute les dernières pages de cet ouvrage.

IV. Mais nous croyons que le *Tractatus de generatione rerum naturalium* n'achevait pas l'*Opus tertium.*

A plusieurs reprises, au cours des parties de l'*Opus tertium* qui nous sont connues, Bacon parle de questions théologiques qu'il déclare avoir traitées en ce même *Opus tertium,* alors qu'il nous est impossible d'en trouver trace dans les fragments que nous possédons.

La partie antérieurement connue de l'*Opus tertium* renferme, en effet, les passages suivants:

« *De hoc autem pro jure divino et canonico et civili, et toto studio, iterum faciam mentionem in* REMEDIIS STUDII. *Nam non est mirum si theologi negligantur in regimine postquam jam ignoratur canonicum; non est mirum si tractantes hoc jus sine theologia vacillent ad jus civile et abusum ejus. Et ideo oportet in* REMEDIIS STUDII *aliquid super his annotari* ». (*Opus tertium*, Cap. XXIV) (1).

« *Quia Vos soli potestis apponere remedium sub Deo per consilium illius sapientissimi, de quo superius sum loquutus, et per alios, sed maxime per eum, secundum quod in* REMEDIIS STUDII *apertius declarabo* ». (*Opus tertium*, Cap. XXV) (2).

« .... *Et prius de hoc tetigi, et postea in* PECCATIS STUDII *et* REMEDIIS *hoc exponam* ». (*Opus tertium*, Cap. LXIV) (3).

« *Sicut in* SECUNDO OPERE *et hoc* TERTIO OPERE *in* PECCATIS THEOLOGIAE, *declaravi* ....

« *Sicut praecipue exposui in* PECCATO SEPTIMO STUDII THEOLOGIAE, *in* OPERE SECUNDO, *et in* PECCATO OCTAVO, *in hoc* OPERE TERTIO ». (*Opus tertium*, cap. LXXV) (4).

Selon ces passages, Bacon a traité des *Peccata* et des *Remedia Studii Theologiae* non seulement en l'*Opus minus*, mais encore en l'*Opus tertium ;* et tandis qu'au premier de ces deux ouvrages, il distinguait seulement sept péchés, il en flétrissait un huitième au second ouvrage.

Or, au fragment que nous étudions, Bacon, analysant l'*Opus minus* avec une extrême concision, écrit ceci (5) « *Post hoc descendi ad peccata studii, et ejus remedia, et in sexto peccato manifestando, descendi ad generationem rerum ex elementis, et texui illam totam, usque ad generationem animalium et plantarum* ». Il donne une analyse assez détaillée de ce traité *De generatione* inséré au *Sextum peccatum ;* mais du *Septimum peccatum*, considéré en l'*Opus minus*, il ne souffle mot, non plus que d'un *Octavum peccatum*. Enfin, il signale en quelques lignes les *Re-*

(1) ROGERI BACON *Opus tertium*, éd. Brewer, pp. 87-88.
(2) Ibidem, éd. Brewer, p. 93.
(3) Ibidem, éd. Brewer, p. 265.
(4) Ibidem, éd. Brewer, p. 304 et p. 309.
(5) Ms. cit., fol. 221, verso.

media Studii dont il a traité après les *Peccata*. Rien donc de ce que nous trouvons ici ne justifie les indications données aux Chapitres XXIV, XXV, LXIV, LXXV; il faut que ces indications se rapportent à quelque partie encore ignorée de l'*Opus tertium*.

Nous en dirons autant de la promesse suivante, contenue au fragment nouvellement découvert (1): « *Nam speciales veritates circa esse divinum, ut quod sit trinus in personis, scilicet Pater, et Filius, et Spiritus sanctus, et quod Filius sit incarnatus, et hujusmodi, non debent hic tractari, nec requiruntur hic, sed inferius habent explicari suo loco* ». Or nulle part, en ce qui suit ce passage, on ne trouve rien qui ait trait aux mystères de la Trinité ni de l'Incarnation.

Il faut donc que Bacon, après son traité d'Alchimie, après son *Tractatus de generatione*, ait encore prolongé son *Opus tertium* par quelque écrit sur la Théologie où se trouvaient étudiés à nouveau les Sept péchés énumérés en l'*Opus minus*, où un huitième péché était condamné, où les dogmes de la Trinité et de l'Incarnation étaient expliqués.

Il est permis, d'ailleurs, de remarquer que ce traité *De peccatis et remediis studii Theologiae* se plaçait fort naturellement à l'endroit que nous indiquons. Visiblement, en effet, les traités qui, en l'*Opus tertium*, suivent l'analyse de l'*Opus minus* sont des compléments aux exposés donnés dans l'*Opus minus* ou, mieux encore, des reprises de ces exposés. Selon le résumé que Bacon nous donne lui-même de son second écrit, un traité d'Alchimie pratique y précédait les Sept péchés de l'étude de la Théologie; aussi ce résumé est-il aussitôt suivi d'un traité d'Alchimie. A l'occasion du sixième péché, l'*Opus minus* étudiait la génération; en l'*Opus tertium*, un *Tractatus de generatione* succède au traité d'Alchimie. Il est donc fort naturel que ce *Tractatus de generatione* soit, à son tour, suivi d'un second écrit sur les péchés commis en l'étude de la Théologie et sur les remèdes que l'on peut opposer à ces péchés.

Bacon parle peut-être de ce traité de Théologie, dans un

(1) Ms. cit., fol. 218, recto et verso.

ouvrage postérieur à l'*Opus tertium*, et dont on possède un fragment que Brewer a publié avec l'*Opus tertium* et l'*Opus minus;* nous voulons parler du *Compendium studii Philosophiae;* « la date de cet écrit est fixée environ vers l'annéç 1272, sous le pontificat de Grégoire X (1) ».

Voici, en effet, ce que nous lisons (2) au Chapitre IV de cet ouvrage:

« *O quam nobiles sententias proferunt philosophi de Deo, et de beata Trinitate, et de Incarnatione Filii Dei, et de Christo, et de beata Virgine, et de angelis, et de daemonibus, et de judicio finali, et de gloria coelesti, et de poena infernali, et de reprobatione malarum legum, et quae sit optima, et quomodo probari debeat, et quae sint conditiones et articuli ejus, et quomodo servari debeat, et defendi et promulgari, et de legislatore, et de ejus successore, ut dixi. Haec autem sub compendio collegi et misi domino Clementis apostolicae recordationis, sicut multa alia; quia hoc mihi efficaciter praeceperat et districte* ».

Toutefois, on pourrait douter que Bacon, en ce passage, fît allusion à l'*Opus tertium*. La septième partie principale de l'*Opus majus,* qui traite de la Morale, est elle-même subdivisée en six parties secondaires, et la première de ces parties secondaires embrasse les divers sujets qu'énumère le passage cité du *Compendium studii Philosophiae.* On doit remarquer, cependant, que les questions résumées en ces termes: « *De reprobatione malarum legum, et quae sit optima ...., ut de ejus successore* » se trouvent examinées non pas en la première partie de la Morale, mais bien en la quatrième partie.

Ne nous attachons donc pas trop fermement anx indicatious que nous donne le *Compendium studii Philosophiae,* puisqu'il n'est point assuré que ces indications aient trait à la partie de l'*Opus tertium* dont nous nous occupons en ce moment.

Les autres renseignements que nous venons de réunir permettraient néanmoins de reconnaître le chapitre *De peccatis et de remediis studii Theologiae* que renfermait l'*Opus tertium,* si chapitre se recontrait parmi les manuscrits de Bacon.

(1) ÉMILE CHARLES, *Roger Bacon*, p. 88.

(2) ROGERI BACON *Compendium studii Philosophiae*, éd. Brewer, p. 424.

M. Émile Charles, qui possédait seulement une partie de ces renseignements, avait cru pouvoir identifier (1) ce Chapitre théologique de l' *Opus tertium* avec un ouvrage que contiennent le ms. nº 1791 de la Bibliothèque Bodléienne d'Oxford et le ms. nº 7440 (fonds latin) de la Bibliothèque Nationale. En ces deux manuscrits, cet ouvrage est intitulé *Metaphysica fratris Rogeri.* M. É. Charles en a publié des extraits fort étendus (2), d'après le manuscrit de la Bibliothèque Nationale, qui est le plus complet. Récemment, M. Robert Steele a publié ce texte (3), sans mentionner aucunement le travail antérieur de M. Émile Charles.

Cependant, les renseignements nouveaux que nous avons réunis confirment absolument les conclusions auxquelles M. Charles était parvenu. La soi-disant *Métaphysique* de Bacon est, vraisemblablement, la partie de l'*Opus tertium* où Bacon reprenait l'étude des *Peccata studii Theologiae.*

Nous en avons d'abord pour preuves le titre même et les premières lignes :

« *Incipit Methaphysica fratris Rogeri ordinis fratrum minorum de viciis contractis in studio Theologie.*

« *Quoniam intencio principalis est innuere Vobis* (4) *vicia studii theologici que contracta sunt ex curiositate philosophie cum remediis istorum; ideo in theologicis autentica inducam philosophorum testimonia* ».

Qu'il s'agisse bien d'un ouvrage envoyé au pape, les lignes suivantes (5) en portent témoignage :

« *Propter rerum inestimabilem difficultatem de quibus loqui volo, et propter multitudinem et pondus occupacionum, non potui cicius transmittere ; nec adhuc complere possum in particulari, et in*

---

(1) Émile Charles, *Roger Bacon*, p. 86.

(2) Émile Charles, *Op. cit.* pp. 391-397.

(3) *Opera hactenus inedita* Rogeri Baconi. Fasc. I. *Metaphysica* Fratris Rogeri *ordinis fratrum minorum. De viciis contractis in studio Theologie.* Omnia quae supersunt nunc primum edidit Robert Steele. London.

(4) M. Steele a lu : *nobis.*

(5) Émile Charles, *Roger Bacon*, p. 392 ; *Metaphysica* Fratris Rogeri, éd. Steele, p. 3.

propria disciplina. Opus tamen universale, si placet, intueri poteritis ut saltem ex partibus tota, ex minoribus majora, ex paucioribus plura cogitare valeatis ».

Nous trouvons, d'ailleurs, en l'écrit analysé par M. Émile Charles et publié par M. Steele, une accumulation de citations d'auteurs paiens ou musulmans, citations que Bacon rapporte à l'unité et à la trinité de Dieu, à la personne du Christ et à celle de la Vierge, à la création du Monde, à la nature angélique, à la souveraine félicité, à la résurrection des corps, aux peines infernales; il y est traité des bonnes mœurs et du péché, des lois qu'il convient d'imposer à la cité, de la méthode selon laquelle le législateur doit prouver l'excellence de la loi qu'il impose, de la règle selon laquelle son successeur doit être choisi. Ce sont bien là, au témoignage du *Compendium studii philosophiae,* les matières dont traitait l'ouvrage envoyé au pape Clément IV, et le *Compendium* les énumérait dans l'ordre même où elles sont exposées en la *Metaphysica.* De ces matières, les premières, à savoir: « *Speciales veritates circa esse divinum, ut quod sit trinus in personis, scilicet Pater, et Filius, et Spiritus sanctus, et quod filius sit incarnatus, et hujusmodi* », sont énumérées au fragment récemment exhumé de l'*Opus tertium,* et Bacon annonce que ces matières « *inferius habent explicari suo loco* ».

Ces remarques rendent vraisemblables la conclusion suivante: La *Metaphysica* est le commencement du traité *De vitiis studii Theologiae et de remediis istorum* qui, dans l'*Opus tertium,* faisait suite au traité *De Alkimia* et au traité *De generatione rerum.*

Cette conclusion, toutefois, se heurte à une difficulté; en la *Métaphysique* de Bacon se trouve une phrase qui semble assigner à cet écrit une date très postérieure à l'année 1267 en laquelle l'*Opus tertium* fut rédigé. Voici cette phrase (1):

« *Quartum signum et pessimum est ignorancie in humanis sapienciis nunc temporibus, quia scimus quod veritas divina sit*

(1) ÉMILE CHARLES, *Roger Bacon,* p. 394; *Metaphysica* FRATRIS ROGERI, éd. Steele, p. 6.

complete revelata jam a mille ducentis et quinquaginta annis, que omnino perficit philosophiam, et dilucidat, et certificat ».

L'importance de cette phrase n'a pas échappé à M. Charles; il a fort bien vu qu'on en pourrait tirer argument contre son opinion, qui fait de la *Metaphysica* un fragment de l'*Opus tertium*. Voici ce qu'il objecte à cet argument (1):

« Cette date manque de précision. Il faudrait savoir quel est, suivant Bacon, le point de départ de la Révélation. Si on entend par là la prédication de l'Évangile, on aurait à peu près l'année 1280; mais l'auteur compte en nombres ronds ».

Si l'on n'acceptait pas cette explication, on devrait supposer que Bacon, après avoir traité, en l'*Opus tertium*, des vices qui se rencontrent en l'étude de la Théologie et des remèdes qu'on y peut apporter, a repris plus tard ces mêmes questions pour les envoyer, sous le même titre, au souverain pontife alors régnant. Cette hypothèse n'est pas invraisemblable; elle s'accorde avec le besoin de reprendre continuellement les mêmes ouvrages qui caractérise le génie de Bacon; en particulier, les questions traitées en l'écrit qui nous occupe, exposées une première fois en l'*Opus tertium*, étaient abordées derechef au *Compendium studii Philosophiae*, car l'énumération de ces questions, que nous avons empruntée à ce *Compendium*, y était suivie de ces mots (2): « *Et de his fiet aliqua expositio inferius loco suo* ».

Toutefois, il nous semble plus probable de nous en tenir à l'opinion de M. É. Charles et de regarder la soi-disant *Métaphysique* de Bacon comme la partie de l'*Opus tertium* où se trouvaient étudiés les *Peccata studii Theologiae*.

De ce traité, nous ne possédons pas la fin car, dans les divers manuscrits, la *Metaphysica* demeure inachevée. Si nous possédions cette fin, aurions-nous par là même les derniers chapitres de l'*Opus tertium?* Il est permis de le supposer, bien que rien ne nous autorise à l'affirmer avec certitude.

---

(1) ÉMILE CHARLES, *Roger Bacon*, p. 86.

(2) ROGERI BACON *Compendium studii Philosophiae*, éd. Brewer, p. 424.

IV.

Renseignements que le texte étudié fournit au sujet de l'*Opus majus*.

Le manuscrit d'après lequel M. Bridges a publié la septième partie de l'*Opus majus*, la *pars moralis*, n'est pas complet. Après avoir exposé quatre parties de cette *Morale*, il s'interrompt brusquement. On sait, cependant, et M. Bridges l'a fait remarquer (1) que la *Morale* de l'*Opus majus* comprenait six parties; on est renseigné, à cet égard, par les passages suivants (2) du fragment déjà publié de l'*Opus tertium*:

« *Et haec habet sex partes magnas* ».

« *Quinta vero pars est de sectae jam persuasae et probatae exhortatione, ad implendum in opere, et ad nihil faciendum in contrarium; et hic exigitur modus praedicationis...*

« *Sexta vero pars moralis philosophiae est de causis ventilandis coram judice inter partes, ut fiat justitia; sed hanc solam tango propter causas, quas assigno* ».

Les renseignements fournis par la partie déjà connue de l'*Opus tertium* se trouvent confirmés, et quelque peu complétés, par le fragment nouveau. Celui-ci nous donne (3), de la cinquième partie, une analyse un peu plus détaillée que celle dont le Chapitre XIV était enrichi. Au sujet de la sixième partie, il répète (4) ce que ce chapitre nous avait déjà appris, à savoir que Bacon s'était borné à la mentionner, sans la développer : « *Et tandem in fine innuebam ad partem philosophie moralis ultimam, que est de causarum et controversiarum excussione coram judice inter partes; et excusavi me ab expositione istius partis* ».

---

(1) The *Opus majus* of ROGER BACON, edited by John Henry Bridges, Vol. II, pp. 403-404, en note.

(2) ROGERI BACON *Opus tertium*, Cap. XIV, éd. Brewer, p. 48 et p. 52.

(3) Ms. cit., fol. 221, recto et verso.

(4) Ms. cit., fol. 221, verso.

A la suite de ces derniers mots, viennent ceux-ci: « *Et sic terminatur tota intentio* Operis principalis »; ces paroles nous assurent que l'*Opus majus* ne se prolongeait pas au delà de la septième partie consacrée à la Morale.

Un autre renseignement nous est encore fourni par le fragment nouvellement exhumé de l'*Opus tertium*. La brusque interruption du texte auquel M. Bridges a emprunté la *Pars moralis* de l'*Opus majus* ne permettait pas d'affirmer que le contenu de la quatrième partie s'y trouvât conservé en entier. Nous avons, aujourd'hui, une analyse détaillée de cette quatrième partie, et nous sommes assurés qu'elle ne renfermait rien d'essentiel que M. Bridges n'ait publié.

Lorsque Bacon envoya l'*Opus majus* à Clément IV, il avait eu le loisir de faire exécuter une copie correcte de cet ouvrage jusques et y compris les développements donnés, en la *Pars moralis*, sur le *De ira* de Sénèque; mais le reste, qui comprenait les trois dernières parties de la Morale, était fort incorrect. En même temps qu'il envoie à Clément IV l'*Opus tertium*, Bacon lui transmet une copie correcte de la fin de l'*Opus majus;* le disciple favori du franciscain anglais, Jean, qui a porté l'*Opus majus* au pape, et qui est demeuré auprès de ce dernier, fera, à l'usage de Clément IV, une transcription de cette copie correcte.

Ces détails nous sont donnés en partie par un passage (1) du Chapitre LXXV qui termine le fragment déjà publié de l'*Opus tertium:* « *Quae de ira scripsi plana sunt, quia correxi illa et signavi. Alia vero quae sequuntur non ita patent, quia non sunt correcta nec signata; propter quod modo mitto exemplar correctum* ».

Ils sont complétés par un passage (2) du fragment nouvellement découvert: « *Sed hec alias non potui corrigere propter superfluitatem occupationum. Et ideo nunc mitto exemplar correctum, ut Johannes cum suis sociis corrigat ea que remanserunt incorrecta* ».

(1) Rogeri Bacon *Opus tertium*, éd. Brewer, p. 305.
(2) Ms. cit., fol. 216, recto.

V.

Renseignements que le texte étudié fournit au sujet de l'*Opus minus*.

I. La partie déjà connue de l'*Opus tertium* et les *Communia naturalium* renferment un certain nombre d'allusions à divers passages de l'*Opus minus;* la réunion et la comparaison de ces allusions avaient fourni quelques renseignements (1) sur la composition du second écrit envoyé par Bacon à Clément IV; elles avaient permis, surtout, d'attribuer à cet *Opus minus* ou *secundum* un important fragment que Brewer a publié à la suite de l'*Opus tertium.*

Bien des points, cependant, demeuraient obscurs touchant les matières dont traitait cet *Opus minus* et l'ordre dans lequel elles y étaient disposées. Beaucoup de ces obscurités se trouvent fort heureusement dissipées par l'analyse de ce second ouvrage, analyse que fournit (2) le fragment récemment exhumé de l'*Opus tertium.*

Cette analyse commence par ces mots: « *Addidi igitur aliqua in principio que in hoc* OPERE *exposui* ». En effet, au premier Chapitre de l'*Opus tertium,* Bacon nous donne un exposé détaillé (3) du préambule de l'*Opus secundum,* préambule dont le texte, que cette description permettrait aisément de reconnaître, nous demeure malheureueusement inconnu.

Le texte que nous étudions continue ainsi: « *Deinde enumerando partes istius* OPERIS MAJORIS..... ».

Parvenant, au cours de cette énumération des parties de l'*Opus majus*, à la quatrième partie, qui traite des Mathématiques, notre auteur y insérait un traité étendu *Sur les corps célestes;* notre manuscrit, en effet, s'exprime en ces termes: « *Enumerando partes istius* OPERIS MAJORIS, *inserui in parte mathematice multa de noticia celestium, secundum se, et secundum*

(1) Voir, en particulier: ÉMILE CHARLES, *Roger Bacon, sa vie, ses ouvrages, ses doctrines,* d'après des textes inédits. Bordeaux, 1861, pp. 80-82.

(2) Ms. cit., fol. 221, verso, et fol. 222, recto.

(3) ROGERI BACON *Opus tertium,* éd. Brewer, pp. 7-8.

comparationem ad hec inferiora que generantur per eorum virtutes secundum diversas regiones, et in eadem regione in diversis temporibus; et hoc est unum de majoribus que scripsi ».

Nous savons, en particulier, qu'en ce traité *De caelestibus* que contenait l'*Opus minus,* Bacon traitait longuement des incantations et des paroles magiques. Nous en sommes avertis par le Chapitre XXVI de la partie déjà publiée (1) de l'*Opus tertium:* « *Nunc igitur tangam aliquas radices circa haec quae diligentius exposui in* SECUNDO OPERE, *ubi de coelestibus egi..... Sed in* OPERE MINORI, *ubi de coelestibus tractavi, exposui magis ista, ubi maxima secreta naturae tetigi, quae non sunt cuilibet exponenda, sed solis sapientissimis viris* ».

Ces renseignements nous sont, d'ailleurs, confirmés par un passage (2) du texte que nous étudions; parlant des figures magiques et des incantations, Bacon écrit: « *Sed de his tactum est prius, precipue in* HOC OPERE, *ubi de linguis agebatur, et in* SECUNDO OPERE, *ubi de celestibus; in quibus locis diffusius locutus sum de his, et magis ea explanavi* ».

C'est, sans doute, en ce traité *De caelestibus* que l'*Opus minus* étudiait les positions en lesquelles les planètes exercent le plus puissamment leurs influences; car ce sujet, traité déjà dans l' *Opus majus,* était repris en l'*Opus minus,* comme l'*Opus tertium* nous l'apprend (3):

« *Et hic est ingens consideratio per astronomiam; scilicet ad inveniendam nobilissimam coeli dispositionem, in qua planetae omnes fuerunt in suis locis dignioribus, et ubi omnes suas fortitudines habuerunt, de quibus postea scripsi tam in* MINORE *quam in* MAJORI ».

De même, Bacon avait déjà, en l'*Opus majus,* traité de l'Astrologie judiciaire; après qu'il a rappelé, en l'*Opus tertium,* ce qu'il en a dit en ce premier ouvrage, il ajoute (4) que Jean a, en mains, un traité plus complet sur le même sujet:

« *Et si vultis copiosius videre, jubeatis Johanni, ut faciat scribi de bona litera tractatum pleniorem, quem habet pro Vobis, ut vi-*

(1) ROGERI BACON *Opus tertium,* éd. Brewer, p. 96 et p. 99.
(2) Ms. cit., fol. 213, verso.
(3) ROGERI BACON *Opus tertium,* cap. LIV; éd. Brewer, p. 210.
(4) ROGERI BACON *Opus tertium,* cap. LXV; éd. Brewer, p. 270.

deatis, quod philosophi sunt sobriissimi in judiciis astronomiae, et quod in nullo praesumunt, nec errant ».

Ce *Tractatus plenior* ne saurait être, semble-t-il, que le *Tractatus de caelestibus* inséré en l'*Opus minus.*

L'analyse des diverses parties de l'*Opus majus* étant achevée et enrichie d'un traité *Sur les corps célestes,* Bacon plaçait, en l'*Opus minus,* un traité d'*Alchimie* écrit en formules énigmatiques, selon l'usage des philosophes : « *Deinde, completa partium* OPERIS MAJORIS *enumeratione, quia sexta scientia est Alkimia, que utilis est valde, et est de majoribus scientiis, ideo posui eam sub forma philosophorum in enigmatibus, promittens quod exponerentur ea, in sequentibus, suo loco* ».

C'est pour tenir cette promesse qu'en l'*Opus tertium,* Bacon fait suivre d'un traité d'Alchimie l'analyse de l'*Opus minus* ; « *Quoniam vero non expressi sufficienter enigmata Alkimie, ut promisi,....* », dit-il (1).

D'ailleurs, au traité d'Alchimie que contient l'*Opus tertium,* Bacon parle de nouveau (2) du traité d'Alchimie, écrit sous forme d'énigmes, que renfermait l'*Opus minus ;* il le désigne sous le titre d'*Alkimia practica:* « *In* SECUNDO OPERE, *scripsi primo de Alkimia practica sub enigmatibus, more philosophorum....* ».

Au traité d'Alchimie pratique faisait suite, en l'*Opus minus,* l'étude des *Septem peccata studii Theologiae,* auxquels Bacon fait si souvent allusion au cours de l'*Opus tertium :* « *Post hec descendi ad peccata studii et ejus remedia* ».

Au *sextum peccatum,* Bacon avait inséré un traité de la génération des choses : « *Et in sexto peccato manifestando, descendi ad generationem rerum ab elementis, et texui illam totam, usque ad generationem animalium et plantarum* ».

Bacon, qui attache une grande importance à cet écrit *De generatione,* nous en donne une analyse assez étendue.

Il y traitait non seulement de l'état de la génération des choses corruptibles, mais encore de l'état d'innocence en lequel se trouvaient nos premiers parents avant le péché, et de l'état des corps ressuscités.

(1) Ms. cit., fol. 222, recto.
(2) Ms. cit., fol. 222, verso.

Il en tirait des conséquences relatives à la prolongation de la vie humaine et des remèdes contre toutes les infirmités (*et remedia contra imfirmitates omnes*).

Il expliquait ensuite bon nombre des formules énigmatiques qu'il avait posées dans le traité d'Alchimie pratique : « *Et hic habetur multum de expositione enigmatum Alkimisticorum, que prius tacta sunt* ».

Venait alors un traité des humeurs, de leurs propriétés, de ce qu'elles pouvaient engendrer : « *Et texui generationem humorum ex elementis, et omnes differentias eorum, et ostendi qui sunt inequales et quomodo fiunt; et qualiter equalitas potest esse in humoribus ; et hoc est secretum secretorum ; et qualiter inanimata generantur ex humoribus, et omnia* ».

Ce traité des humeurs était suivi d'une étude sur la génération et les propriétés des métaux et, en particulier de l'or.

Enfin, venait une comparaison entre ces doctrines et les enseignements de l'Écriture.

Bacon accordait une extrême importance à cet écrit *De generatione* inséré au *Sextum peccatum studii* : « *Et hec que tetigi de ipsarum rerum generatione sunt de majoribus et melioribus que sciri possunt, tam pro speculativo quam pro practicis, et habent magna secreta, si bene intelligantur* ».

Il le cite à deux reprises, sous le titre d'*Alkimia speculativa*, en l'écrit sur l'Alchimie qu'il adjoint à l'*Opus tertium* :

« *Deinde,.... texui radices Alkimie speculative in sexto peccato studii Theologie* (1) ».

« *Sed, preter hec, habent nomina magis propria huic scientie, que posui et explicavi in sexto peccato Theologie, scilicet in generatione rerum ex elementis, ubi radices Alkimie speculative exposui* (2) ».

Nous trouvons encore une allusion à ce traite d'Alchimie spéculative en un passage des *Communia naturalium* (3) ; la partie des *Communia naturalium* où ce passage se rencontre

(1) Ms. cit., fol. 222, verso.

(2) Ms. cit., fol. 224, recto.

(3) ROGERI BACON *Communia naturalium,* pars IV, cap. IX ; Bibliothèque Mazarine, ms. n° 3576, fol. 79, col. c.

appartenait assurément, comme nous le verrons plus loin [*vide infra*, § VIII], au traité *De generatione rerum* que contenait l'*Opus tertium*. Voici ce que Bacon écrivait en ce passage: « *Habito de generatione elementorum, dicendum est de mixtis qualiter et quomodo generantur. Sed hoc copiose discussum est in tractatu Alkimie speculative, scilicet in* MINORI OPERE. *Nam nihil scripsi ita diligenter, propter hoc quod magna fundamenta Philosophie naturalis, et Medicine, et Theologie sunt ibi* ».

L'exposé des *peccata* une fois achevé, Bacon, selon ce qu'il nous apprend, présentait les *remedia* et terminait ainsi l'*Opus minus*.

II. Il est intéressant de comparer l'analyse assez détaillée de l'*Opus minus* que Bacon nous a donnée et le fragment du même *Opus minus* que Brewer a publié.

Ce fragment débute par ces mots: «..... *unione, et cum vapore plumbi de Hibrio lapide*....»; nous nous trouvons en présence d'opérations alchimiques écrites dans le langage énigmatique dont usaient les « philosophes »; ainsi était écrit, au témoignage de Bacon, le traité d'*Alkimia practica* que contenait l'*Opus minus*. Les restes de ce traité d'*Alkimia practica* s'étendent, dans la publication de Brewer, de la page 313 à la page 315.

Au traité d'Alchimie pratique que renfermait l'*Opus minus*, Bacon avait promis (il nous l'a dit en l'*Opus tertium*) de donner l'explication des énigmes dont il avait fait usage; c'est pour remplir cette promesse qu'il a joint à l'*Opus tertium* un nouveau traité d'Alchimie pratique; or, en la partie du premier de ces traités que Brewer a publiée, nous reconnaissons, vers la fin (p. 315), la promesse dont il s'agit: « *Haec hactenus, donec omnium horum sequatur expositio plana, ut tam vulgo quam sapientibus sufficiat* ».

Les mots: *Sicut nec potuit* SCRIPTUM PRINCIPALE, qui se trouvent à la p. 315, commencent l'analyse de l'*Opus majus*, analyse qui se poursuit jusqu'aux mots: *Et sic de multis aliis, quae omnia reperiret Vestra Sapientia, si tempus habeatis*, qui se trouvent à la p. 322.

Nous voici, dès l'abord, avertis que le fragment publié par Brewer est en grand désordre; en effet, le traité d'*Alki-*

mia practica y précède l'analyse de l'*Opus majus*; en l'*Opus minus,* il venait immédiatement après cette analyse, comme nous l'a appris l'*Opus tertium.*

L'analyse de l'*Opus majus* présente les parties de cet ouvrage dans l'ordre inverse de celui qu'elles y affectaient; c'est bien ainsi, Bacon nous l'a dit (1), que procédait l'*Opus minus.* Il semble, toutefois, que l'analyse du grand ouvrage de Bacon, telle que la présente le fragment publié par Brewer, soit singulièrement écourtée; en tous cas, nous n'y trouvons pas trace de l'importante addition *De caelestibus* que l'auteur, selon son propre témoignage, avait insérée en la partie consacrée aux Mathématiques.

Les *Peccata studii Theologiae* sont ensuite étudiés (pp. 322-359). Le *Peccatum sextum* ayant été examiné, Bacon commence en ces termes (p. 325): « *Hic autem volens ponere radicalem generationem rerum....*» le traité *De generatione* qui se trouvait, en effet, annexé à ce sixième péché, comme nous l'apprend l'*Opus tertium.*

Analysant, en l'*Opus tertium,* ce traité *De generatione,* l'auteur nous dit (2): « *Et res maxime hic continentur; nam per eas certificatur non solum status generationis rerum corruptibilium, sed status innocentie quantum ad complexiones et causas immortalitatis, que potuit fuisse in primis parentibus, et in omnibus, si non fuisset peccatum* ». Ces matières sont traitées, en effet, de la p. 359 à la p. 374, dans le fragment publié par Brewer.

L'analyse continue en ces termes: « *Iterum status corporum immortalium post resurrectionem* ». Nous trouvons, dans la publication de Brewer, à la p. 371, l'indication de cette étude sur les corps ressuscités.

L'analyse donnée en l'*Opus tertium* se poursuit ainsi: « *Ex his extrahuntur cause prolongationis vite humane, et remedia contra infirmitates omnes* ». De cet écrit sur la prolongation de la vie humaine, dont nous reparlerons plus loin, le fragment publié par Brewer donne seulement une page (p. 374), après laquelle le texte est brusquement interrompu par une lacune.

(1) ROGERI BACON *Opus tertium,* éd. Brewer, p. 68.

(2) Ms. cit., fol. 221, verso.

A cette lacune correspond non seulement la plus grande partie des considérations sur la prolongation de la vie humaine, mais encore les questions que l'analyse de l'*Opus tertium* résume en ces termes (1) : « *Et hic habetur multum de expositione enigmatum Alkimisticorum, que prius tacta sunt. Et texui generationem humorum ex elementis, et omnes differentias eorum, et ostendi qui sunt inequales, et quo modo fiunt; et qualiter equalitas potest esse in humoribus, et hoc est secretum secretorum; et qualiter inanimata generantur ex humoribus, et omnia* ».

De tout cela, donc, nous ne trouvons rien en la publication de Brewer.

Suivons ce que Bacon, en l'*Opus tertium*, nous dit de l'*Opus minus*: « *Et specialiter descendi ad generationem metallorum, quia hec requiritur specialiter in sexto peccato studii, et tetigi naturas essentiales omnium, et proprietates eorum, et effectus; et maxime de auro, quia hoc fuit magis conveniens exemplum ad propositum* ». C'est à ce traité des métaux qu'appartient le fragment, tronqué aux deux bouts, qui, dans la publication de Brewer (pp. 375-389), termine l'*Opus minus*. Les premiers mots: « *partim sunt apta argento et cupro,....* » se trouvaient au milieu de la description de l'or, par laquelle débutait l'étude des propriétés des divers métaux. Les derniers mots: « *Et ponatur aurum in exemplum. Dico igitur quod.....* » nous annoncent que Bacon va prendre l'or pour exemple, comme nous l'apprend son analyse.

La suite de cette analyse nous enseigne que le traité *De generatione rerum* s'achevait par la comparaison de ses maximes à celles de la Sainte Écriture; qu'un septième péché de l'étude de la Théologie était examiné; qu'enfin les *remedia* étaient exposés après les *peccata ;* de tout cela, nous ne possédons rien.

III. Le traité *De generatione rerum* étudiait: « *Cause prolongationis vite humane et remedia contra infirmitates omnes* ». De cette partie, le fragment publié par Brewer contient tout juste une page.

(1) Ms. cit., foll. 221, verso, et 222, recto.

Or, on a, au seizième siècle, imprimé un ouvrage de Bacon sur le même sujet: *Libellus* ROGERII BACONI ANGLI, *doctissimi mathematici et medici, de retardandis senectutis accidentibus et de sensibus conservandis.* Oxoniae, anno 1590. Au XVIIe siècle, ce livre fut traduit en Anglais: *The cure of old age, and preservation of youth. By the great matematician and physician* ROGER BACON, *a franciscan frier, translated.... by* RICHARD BROWN. London, 1683.

M. Émile Charles a publié (1) une analyse de cet ouvrage; d'après le sommaire que l'auteur en donne lui même, «il y traite: 1° des causes de la vieillesse et des moyens d'y résister; 2° des accidents de la vieillesse, des signes des lésions des sens, des causes qui peuvent servir ou blesser les sens, l'imagination et la mémoire; 3° des aliments et des boissons qui peuvent restaurer les humeurs chaque jour évaporées; 4° des moyens d'empêcher cette évaporation; 5° des aliments qui hâtent les progrès de la vieillesse; 6° des moyens d'absorber les humeurs qui causent les accidents de la vieillesse; 7° des moyens de réconforter la chaleur naturelle; 8° des moyens de réconforter les facultés et les sens et de ramener les forces; 9° des moyens de fortifier le corps et de faciliter les mouvements; 10° des moyens de conserver à la peau sa beauté juvénile, sa propreté et sa couleur, et d'éviter les rides; 11° de l'utilité de cette lettre, du régime des vieillards, de la composition des médecines. L'ouvrage publié renferme seize chapitres».

En comparant le contenu de cet ouvrage avec ces mots de Bacon, que nous rapportions tout à l'heure: *Cause prolongationis vite humane et remedia contra infirmitates omnes,* nous sommes fort naturellement conduits à nous demander si le *Libellus de retardandis senectutis accidentibus et sensibus conservandis* ne serait pas un extrait du traité *De generatione rerum* que contenait l'*Opus minus.*

Une tradition sans fondement veut que cet écrit ait été adressé par Bacon au pape Nicolas IV. M. Émile Charles a

(1) ÉMILE CHARLES, *Roger Bacon,* p. 58.

combattu cette légende: « Le traité, dit-il (1), ne porte pas de date; nous inclinons à croire que ce n'est pas à Nicolas IV, mais à Nicolas III qu'il fut destiné. On trouve à Oxford (2) un manuscrit de cet opuscule, précédé d'une dédicace que l'éditeur n'a pas reproduite et qui est restée inconnue; en voici le début: « Seigneur du Monde, vous dont l'origine se rattache à la plus noble souche, puisse le Dieu suprême accomplir tous les souhaits de Votre Clémence et de Votre Sainteté; je pense et j'ai longtemps pensé a me rendre agréable à Votre Sublimité.....». Ces mots mêmes: « *Domine mundi qui ex nobilissima stirpe originem assumpsisti* », s'appliquent bien mieux à Nicolas III, qui était de la noble famille des Orsini, qu'à Jérôme d'Ascoli qui, suivant Wadding, était seulement « *honestae conditionis* ».

Ces mots peuvent également s'appliquer à Guy de Foulques (Guido Fulcodi), qui était noble; en outre, le titre *Votre Clémence* semble indiquer que Bacon s'adresse ici à Clément IV; Bacon emploie très volontiers ce titre, dans les divers écrits adressés à ce pontife, comme une allusion au nom que celui-ci avait choisi en ceignant la tiare.

En tous cas, que le *Libellus de retardanda senectute* ait été adressé à Clément IV, à Nicolas III ou à Nicolas IV, il semble bien n'être qu'un extrait ou une seconde rédaction de questions traitées en l'*Opus minus*.

VI.

Renseignements que le texte étudié fournit au sujet du traité *De multiplicatione specierum*.

La quatrième partie de l'*Opus majus*, qui traite des Mathématiques, donnait d'assez longs développements: *De multiplicatione specierum* ou, comme nous dirions aujourd'hui, au sujet de la *propagation des actions physiques*.

(1) Émile Charles, *Roger Bacon*, pp. 38-39.
(2) Bodl. Canonici. Ms. 334, fol. I.

Ce sujet est de nouveau étudié dans un ouvrage intitulé: *Incipit tractatus* MAGISTRI ROGERI BACON *de multiplicatione specierum* que Jebb a inséré en son édition de l'*Opus majus* (pp. 358-444), bien que ce fût visiblement un écrit distinct de la grande lettre adressée à Clément IV.

Ce traité fut assurément porté à Clément IV en même temps que l'*Opus majus*.

En l'*Opus majus* même (1), Bacon renvoie certaine discussion à ce traité: « *Sed adhuc non modica dubitatio est, circa evacuationem tertiae confusionis, quae habet ad purum discuti in tractatu de generatione et multiplicatione et corruptione et actione specierum, sine quo tractatu non potest sciri Perspectiva* ».

Que ce traité eût été envoyé en même temps que l'*Opus majus*, mais à titre d'ouvrage séparé, nous en avions l'assurance par un passage déjà connu (2) de l'*Opus tertium*: « *Sicut etiam tractatus De Radiis manifestat, quem Vobis misi separatim ab* OPERE MAJORI ».

Nous voyons, par ce passage, que Bacon donnait parfois, à son *Tractatus de multiplicatione specierum*, le titre de *Tractatus de Radiis*. C'est sous ce titre qu'il le désigne un peu plus loin (3), en même temps qu'il nous donne un nouveau renseignement; le *Tractatus de Radiis* fut porté au pape par le fidèle Jean: « *Ut probavi in tractatus De Radiis, quem Johannes extra principalia opera deportavit* ».

En un autre passage (4) de cette même partie déjà publiée de l'*Opus tertium*, nous trouvons une indication du même genre:

« *Et quae de perspectiva narravi modo patent manifeste ex* OPERE MAJORI, *et tractatu quem collegi de perspectiva, qui est pars quinta principalis illius operis; et simul cum ea consulenda est magna pars quartae partis totius operis, scilicet ubi de multiplica-*

(1) ROGERI BACON *Opus majus*, pars V: De perspectiva; Perspectivae pars I, dist. VI, cap. III; éd. Jebb, p. 282; éd. Bridges, Vol. II, pp. 39-40.

(2) ROGERI BACON *Opus tertium*, cap. LVIII; éd. Brewer, p. 227.

(3) ROGERI BACON *Opus tertium*, cap. LIX, éd. Brewer, p. 230.

(4) ROGERI BACON *Opus tertium*, cap. XI; éd. Brewer, p. 38.

tione specierum et virtutum agentium determinavi..... Sed COMPLETIOREM TRACTATUM *mitto vobis de hac multiplicatione, ut facio postea mentionem* ».

L'emploi du présent *mitto* au lieu du parfait *misi* pourrait faire croire qu'il ne s'agit pas ici de l'écrit adressé au pape en même temps que l'*Opus majus*, mais bien d'un second traité analogue dont l'envoi aurait accompagné celui de l'*Opus tertium ;* ce doute s'évanouit si l'on remarque qu'au cours de l'*Opus tertium* et de l'*Opus minus,* Bacon emploie à plusieurs reprises ce même présent *mitto* en l'appliquant à l'*Opus majus* même :

« *Ex iis, quae mitto* (1).... *Ex hoc opere scribuntur, quod mitto* (2).... *Ut patet ex hoc opere, quod mitto* (3)....».

Le fragment nouveau de l'*Opus tertium* confirme les renseignements que nous donnaient ces deux passages ; il y est dit (4), en effet : « *Que vero sint leges reflexionum et fractionum communes omnibus actionibus naturalibus, ostendi in tractatu Geometrie, tam in* OPERE TERTIO *quam* PRIMO, *sed principaliter in* OPERE SEPARATO *ab his, ubi totam generationem specierum, et multiplicationem, et actionem, et corruptionem explicavi in omnibus corporibus mundi* ».

Le *Tractatus de multiplicatione specierum* n'est, comme Bacon nous le fait remarquer, qu'une rédaction plus complète de questions déjà traitées en la quatrième partie de l'*Opus majus.*

Non content de ces deux rédactions, Bacon en avait entrepris une troisième ; mais il ne put l'achever à temps pour l'envoyer au Pape ; il nous en fait confidence (5) au Chapitre XXVI de l'*Opus tertium :* « *Praeterea considerare oportet diligenter* TRACTATUM DE SPECIEBUS ET VIRTUTIBUS AGENTIUM, *quem dupliciter misi vobis ; et tertio modo incepi, sed non potui consummare* ».

---

(1) ROGERI BACON *Opus tertium,* cap. XX ; éd. Brewer, p. 67.

(2) ROGERI BACON *Opus minus,* éd. Brewer, p. 322.

(3) ROGER BACON, *Ibid.*, p. 323.

(4) Ms. cit., fol. 191, recto.

(5) ROGERI BACON *Opus tertium,* éd. Brewer, p. 99.

VII.

Renseignements que le texte étudié fournit au sujet du *Traité d'Alchimie.*

Le fragment de l'*Opus tertium* que nous avons eu le bonheur d'exhumer nous apprend qu'avec l'*Opus majus* et le traité *De multiplicatione specierum,* Jean était chargé de remettre au Pape Clément IV un traité d'Alchimie.

En ce fragment, en effet, l'illustre Franciscain reprend l'exposé des principes de l'Alchimie et, à ce propos, il énumère (1) les divers écrits relatifs à cette science qu'il a précédemment envoyés au Souverain Pontife :

« En trois circonstances, dit-il, j'ai écrit à Votre Gloire au sujet des secrets de ce genre.

« Dans l'*Opus secundum,* en effet, j'ai écrit en premier lieu sur l'Alchimie pratique, sous forme d'énigmes *more philosophorum*....

« Puis, après avoir parcouru de nombreux écrits (*multa scriptura revoluta*), j'ai tissé les racines de l'Alchimie spéculative dans le sixième péché de l'étude de la Théologie....

« Mais je vous ai envoyé un troisième écrit de ma propre main, par l'intermédaire de Jean, afin qu'il il vous le transcrivît ».

Non seulement Bacon signale l'existence de ce traité particulier d'Alchimie, mais, au sujet de cet ouvrage, il donne quelques renseignements qui méritent d'être transcrits ici :

« En cet écrit, beaucoup de choses sont cachées (*licet sit occultatio multiplex*), mais cette dissimulation ne résulte pas de l'emploi de paroles énigmatiques, car je les expose en détail ; elle est obtenue par un moyen plus philosophique et plus savant. En effet, la Philosophie naturelle, la Médecine et l'Alchimie sont unies entre elles par leurs racines ; dès lors, j'ai feint de présenter ces racines comme si elles étaient seule-

(1) Ms. cit., fol. 222, verso.

ment objets de Physique et de Médecine, et je les ai introduites comme telles, alors qu'en réalité, elles sont du ressort de l'Alchimie. Ce traité est extrêmement utile pour l'étude des grandes questions physiques et médicales relatives aux digestions, aux humeurs et à beaucoup d'autres sujets.

« Au commencement de ce traité, je pose des énigmes; puis je les explique par la méthode qui vient d'être dite, en sorte que nul n'en pourrait prendre connaissance, à moins d'être extrêmement savant ».

Ces renseignements, nous l'avons dit, se trouvent en un traité d'*Alchimie,* inséré en l'*Opus tertium,* et qui est le quatrième écrit, relatif à cette science, envoyé au pape par Roger Bacon.

Pourquoi ce grand nombre d'ouvrages consacrés à un même objet, et non point un ouvrage unique? Le savant moine nous le dit (1) tout aussitôt après le passage que nous avons rapporté :

« Je me suis plu à produire ces écrits si nombreux et si variés, et cela pour deux raisons.

« La principale était que je pusse ouvrir ces grandes connaissances à Votre Sainteté, autant qu'il se peut faire et qu'il est convenable en ce temps.

« La seconde était que ces mêmes connaissances demeurassent cachées aux autres. Il est bien difficile, en effet, que ces quatre écrits tombent à la fois aux mains de quelqu'un; et d'autre part, qu'une personne en voie un, ou deux, ou même trois, je n'en ai cure; car si elle ne les étudie tous les quatre avec une très soigneuse attention, elle ne pourra rien comprendre des très grands secrets qui y sont contenus. Il est toutefois possible que, par quelque mauvaise fortune, ces traités tombent tous quatre aux mains d'une personne autre que Vous; en vue donc du juste jugement de Dieu, sur le conseil et à l'exemple de tous les gens sages, il me faut encore écrire sous une forme qui réserve quelque chose à l'explication donnée de vive voix; jamais, en effet, on n'a composé aucun écrit où ces sujets fussent exposés d'une manière complète, et on

(1) Ms. cit., fol. 223, recto.

n'en composera jamais aucun; un tel écrit, en effet, ne pourrait être composé que par des hommes connaissant ces doctrines, et ceux-ci seront toujours contraints par leur conscience de dissimuler quelques-unes des choses qui sont nécessaires en cette étude. Ces précautions sont particulièrement indispensables en ce temps, à cause des périls des chemins; car ces périls sont nombreux et redoutables. En outre, j'ai horreur de livrer un traité clair et achevé, relatif à ces questions, à un copiste, si sûr et si familier me soit-il; toutefois, celui qui a écrit ceci est selon mon cœur ».

En un passage de la partie déjà connue de l'*Opus tertium*, Bacon (1) parle d'un *Tertium opus*, qu'il oppose précisément à l'ouvrage qu'il est en train d'écrire; il s'agit de la théorie des platoniciens qui composaient la substance céleste et les cinq éléments au moyen de particules présentant les figures des cinq polyèdres réguliers; l'illustre Franciscain dit à ce sujet: « *Sed quia in* TERTIO OPERE *exposui has figuras brevius, et latius in* PRIMO, *ideo nunc omitto. Et quia Aristoteles tertio Coeli et Mundi destruit hanc positionem, ut in* PRIMO OPERE *explicavi, sed in* TERTIO *pertransivi, ideo aliquid dicam hic ad expositionem illius quod in* MAJORI OPERE *scripsi* ». Ce *troisième ouvrage*, qui n'est pas l'*Opus tertium* et qui a précédé ce dernier, ne serait-il pas le traité d'Alchimie envoyé au pape Clément IV par l'intermédiaire de Jean?

Nous retrouverons une allusion à ce mênce traité en étudiant les *Communia naturalium* de notre auteur.

VIII.

Renseignements que le texte étudié fournit au sujet des *Communia naturalium*. — Le *Tractatus de generatione rerum*.

Nous avons étudié les *Communia naturalium* dans le texte célèbre que conserve la Bibliothéque Mazarine (2).

On sait que des hypothèses fort diverses ont été émises au sujet du grand ouvrage que Bacon intitulait *Communia na-*

(1) ROGERI BACON *Opus tertium* cap. XL; éd. Brewer, pp. 135-136.
(2) Bibliothèque Mazarine, ms. n° 3576.

naturalium. Jebb et Victor Cousin avaient cru (1) y reconnaitre une partie de l'*Opus minus*; M. Émile Charles avait pensé démontrer qu'il le fallait placer en l'*Opus tertium*. En réalité, cet ouvrage est un centon que Bacon a formé de fragments empruntés à ses précédents ouvrages; ces fragments sont, parfois, résumés ou sensiblement modifiés; le plus souvent, ils sont transcrits presque sans aucune variante; des raccords très sommaires et très apparents les rejoignent les uns aux autres. Parmi ces fragments, les uns sont empruntés à l'*Opus majus*, d'autres à l'*Opus tertium*; certains d'entre eux proviennent probablement de l'*Opus minus*.

Le texte conservé à la Bibliothèque Mazarine commence en ces termes (2):

« *Incipit liber primus communium naturalium fratris Rogeri Bacon, habens 4^or partes principales | Quarum prima habet distinctiones 4^or | Prima distinctio est de communibus ad omnia naturalia et habet Capitula 4^or | Capitulum primum de ordine scientie naturalis ad alias* ».

La *Distinctio prima* établie par Bacon en la première partie de ce premier livre est une introdution générale qui semble avoir été spécialement rédigée pour servir de préambule aux *Communia naturalium*; mais les trois distinctions suivantes, ne sont, comme l'a remarqué M. Émile Charles (3), qu'un résumé du traité *De multiplicatione specierum*.

La seconde partie de ce premier livre est intitulée (4): « *Pars secunda primi libri naturalis philosophie qui est de communibus naturalium rerum | et est de materia, forma et privatione | et habet distinctiones 5 | prima est de materia, habens capitula 4* ».

Cette *distinctio prima*, qui traite de la matière et de la forme, est la reproduction à peu près textuelle du trente-huitième chapitre de la partie déjà connue de l'*Opus tertium* (5).

(1) Émile Charles, *Roger Bacon, sa vie, ses ouvrages, ses doctrines*; Bordeaux, 1861; pp. 83-84.

(2) Bibl. Maz., ms. n° 3576, fol. 1, col. a.

(3) Émile Charles, *Op. cit.*, p. 377.

(4) Bibl. Maz., ms. n° 3576, fol. 13, col. b.

(5) Rogeri Bacon *Opus tertium*, cap. XXXVIII; éd. Brewer, pp. 120-131.

Le fragment nouvellemente découvert de l'*Opus tertium* se termine par un écrit intitulé : « *Hïc incipit magnus tractatus et nobilis : de rerum naturalium generatione : per quem tota philosophia naturalis quantum ad potestatem generationis rerum sciri potest cum illis que dicta sunt in aliis de efficiente et de unitate materie* » (1).

Cet écrit est malheureusement incomplet ; les feuillets qui en contenaient la fin avaient été arrachés du manuscrit dont Arnaud de Bruxelles nous a transmis la copie.

Le titre que nous venons de citer nous avertit qu'en ce traité *De generatione*, l'auteur rattachera ses enseignements à ceux qu'il a précédemment donnés au traité *De efficiente* et au traité *De unitate materiae.*

Il le dit plus explicitement, d'ailleurs, dès les premières lignes du traité qui nous occupe en ce moment : « *Oportet vero incipere a principiis, quia horum cognitio previa est. Et de principio efficiente scripsi satis in tractatu de speciebus et virtutibus agentium naturalium. Et de materia verificavi quod non est una numero in rebus omnibus, nec una specie, nec genere subalterno, sed generalissimo. Et solvi cavillationes in contrarium* ».

Ce double signalament caractérise sans ambiguïté les deux traités dont le traité *De generatione* postule l'existence et les principes ; le traité *De principio efficiente,* c'est la théorie de la propagation des actions, théorie que Bacon a exposée d'abord en l'*Opus majus,* puis au *De multiplicatione specierum,* enfin en l'*Opus tertium ;* quant au traité *De materia,* il forme le Chapitre XXXVIII de la partie déjà connue de l'*Opus tertium.*

De ces deux traités, le premier a formé les trois dernières distinctions de la *Pars prima* du livre I des *Communia naturalium ;* le second est identique à la première distinction de la *Pars secunda ;* qu'en lisant la seconde distinction de cette même partie, nous reconnaissions le *Tractatus de generatione* dont notre fragment de l'*Opus tertium* nous garde le début, nous pouvons le prévoir ; notre prévision ne sera pas déçue.

---

(1) Bibl. Nat., fonds latin, ms. 10264, fol. 225, recto.

Cette seconde distinction est ainsi intitulée (1):

« *Distinctio secunda: de quibusdam aliis que pertinent ad materiam, privationem et formam; habens quatuor capitula. Capitulum primum docet quomodo et ubi in generatione substantie inveniatur prima materia naturalis* ».

Aussitôt après le titre viennent ces mots: « *Nunc volo descendere ad ea que pertinent rebus generabilibus et corruptibilibus, ut prosequar ea que in operibus aliis non sunt tractata* ».

De même, le *Tractatus de generatione* qui termine le fragment nouvellement découvert de l'*Opus tertium* commence en ces termes: « *Hiis habitis, volo descendere ad ea que pertinent rebus generalibus et corruptibilibus, ut prosequar ea que in operibus aliis non sunt tacta* ».

La comparaison entre les deux textes peut se poursuivre aussi loin que se prolonge le lambeau copié par Arnaud de Bruxelles; à peine peut-on les distinguer l'un de l'autre par d'imperceptibles variantes attribuables aux scribes.

Le lambeau conservé par Arnaud de Bruxelles s'achève par ces mots: « *Similiter oporteret .... elemento vel mixto posset tolli natura* ». Ces mots se retrouvent (2), sans lacune, au chapitre des *Communia naturalium* que nous avons cité: « *Similiter oporteret quod elemento vel mixto posset tolli natura* ».

L'*Opus tertium* renfermait un traité *De generatione;* tout ce qu'Arnaud de Bruxelles a sauvé de ce traité se trouve, textuellement reproduit, au premier livre des *Communia naturalium*. Ce dernier ouvrage reproduisait-il en entier le traité *De generatione* primitivement adjoint à l'*Opus tertium?* S'il le reproduisait, quelles sont les parties des *Communia naturalium* qui proviennent de ce traité *De generatione?*

A ces deux questions, nous ne pouvons répondre autrement que par des conjectures; voici celles qui nous paraissent vraisemblables:

Il est probable, en premier lieu, que les *Communia naturalium* reproduisaient en entier le *Tractatus de generatione* composé d'abord pour l'*Opus tertium*.

---

(1) Bibl. Maz., ms. 3576, fol. 17, col. a.

(2) Ibidem, fol. 17, col. a.

Il est probable, en second lieu, que ce traité *De generatione* a fourni au premier livre des *Communia naturalium* tout ce qui s'étend depuis le début de la *Pars secunda, distinctio secunda* jusqu'à la fin du livre.

Quelles sont les considérations par lesquelles ces opinions nous semblent acquérir la probabilité? Nous allons les indiquer.

Cette vaste partie des *Communia naturalium* paraît, tout d'abord, constituer un exposé philosophique, un et logiquement enchaîné, auquel convient fort bien ce titre: *Grand et noble traité de la génération des choses naturelles, par lequel on peut connaître toute la philosophie naturelle en ce qui touche au pouvoir de génération des choses.* Tout ce qu'on y lit sur la nature, les causes, le mouvement, le lieu, le vide, au cours de la seconde et de la troisième parties, peut fort bien être regardé comme une introduction nécessaire à la quatrième partie dont le titre est: *De productione rerum in generali.* Cette partie traite successivement de la production des formes substantielles en général, des éléments, des mixtes, des animaux, de l'homme et, en particulier, de l'âme de l'homme (c'est à ce propos que Bacon discute la théorie averroïste de l'intellect), des digestions multiples qui ont lieu dans le corps des animaux et des végétaux, enfin de la génération au sein des matières en putréfaction.

De ce vaste traité, nous savons que le premier chapitre est textuellement extrait de l'*Opus tertium;* nous allons avoir la preuve qu'il en est de même de certains chapitres qui se trouvent parmi les derniers.

La quatrième partie du premier livre des *Communia naturalium* contient, en effet, vingt-et-un chapitres; voici en quels termes commence le dix-huitième (1):

« On estime que les parties de l'intellect sont différentes les unes des autres par essence, et cela de bien des façons; en ce point, se produisent de plus cruelles erreurs que partout ailleurs. On suppose, en effet, que l'agent est une partie de l'âme, ce qui a été réfuté en la seconde partie de l'*Opus majus* (*in 2ª parte* PRIMI OPERIS). Ensuite, en cet *Opus tertium* (*in hoc*

(1) Bibl. Maz., ms. 3576, fol. 87, col. a.

Tertio Opere), j'ai expliqué cela et j'ai résolu les objections soulevées à l'encontre ».

Il n'est donc pas douteux que ce dix-huitième chapitre ne soit textuellement extrait du *Tractatus de generatione* compris dans l'*Opus tertium;* il est même piquant de voir Bacon renvoyer son lecteur à un passage précédent de l'*Opus tertium* alors que ce passage est précisément de ceux qu'il a insérés aux *Communia naturalium;* assurément, en composant ce dernier ouvrage avec des fragments de ses écrits plus anciens, il prenait fort peu de soin d'effacer la marque d'origine de ces fragments.

Une marque d'origine analogue se reconnaît au chapitre qui précède immédiatement celui que nous venons de citer; Bacon y traite des diverses « digestions » qui se produisent dans le corps des animaux et des végétaux; il termine le chapitre en ces termes (1): « J'omets ici beaucoup de choses, et la principale cause en est que je n'ai pas le temps de les mettre. J'ai traité de ces questions en mes autres considérations; mais, pour le moment, je n'en ai pas le texte. Dans le traité d'Alchimie, séparé de mes autres œuvres, qui est entre les mains de Jean *(et in tractatu alkimistico quem divisim Johannes habet ab operibus),* les racines qui concernent ces questions se trouvent touchées ».

Ce regret du peu de temps accordé à Bacon pour parfaire son ouvrage signale un écrit adressé au pape; la mention du traité d'Alchimie dont Bacon n'a plus le texte parce qu'il est aux mains de Jean, a sa place marquée dans l'*Opus tertium* où nous avons relevé ce passage (2): « *Tertium autem scriptum misi de manu mea per Johannem, ut Vestre Glorie transcriberetur* ».

Ce sont ces passages, relevés au premier livre des *Communia naturalium,* qui avaient conduit M. Émile Charles à cette conclusion: Les *Communia naturalium* sont une partie de

(1) Fratris Rogeri Bacon *Communium naturalium* liber primus, pars IV, cap. XVII. — Bibl. Maz., ms. 3576, fol. 86, col. d.

(2) Bibl. nat., fonds latin, ms. 10264, fol. 222, v°.

l'*Opus tertium*. Cette conclusion, nous le savons maintenant, n'était point entièrement exacte; elle renfermait cependant une grande part de vérité; de très vastes morceaux de l'*Opus tertium* ont été enchâssés dans la rédaction des *Communia naturalium;* par là, le *Tractatus de generatione rerum,* qui se trouvait en l'*Opus tertium* et dont le fragment récemment découvert contient seulement le commencement, nous a été probablement conservé en entier.

IX.

Renseignements que le texte étudié fournit au sujet des *Communia naturalium* (suite) — Le traité *De caelestibus.*

En terminant le premier livre des *Communia naturalium,* dont le dernier chapitre concerne les générations produites par la putréfaction, Bacon s'exprime en ces termes (1): « Cette action est donc attribuée non seulement au corps du Ciel, mais encore à son moteur ». Cette phrase conduit naturellement à étudier la substance céleste et ses mouvements. C'est à ces objets, en effet, qu'est consacré l'écrit que le manuscrit de la Bibliothèque Mazarine désigne comme le *second livre* des *Communia naturalium.*

Au texte conservé par la Bibliothèque Mazarine, cet écrit est ainsi intitulé : *Incipit secundus liber communium naturalium, qui est de celestibus, ut de celo et mundo; cujus hec est pars prima.*

Rien ne prouve que ce titre traduise fidèlement la pensée de Bacon; voici, en effet, ce que nous lisons en la partie des *Communia naturalium* (2) qui précède ce traité *De caelestibus :*

« On estime que les corps célestes ont un principe de mouvement qui est leur nature et qui leur est particulier; on entend parler du premier mouvement qui s'effectue autour du

(1) Fratris Rogeri Bacon *Communium naturalium* liber primus, pars IV, cap. XXI. — Bibl. Maz., ms. 3576, fol. 90, col. b.

(2) Fratris Rogeri Bacon *Communium naturalium* liber primus, pars II, dist. IV, cap. II. — Bibl. Maz., ms. 3576, fol. 32, col. b.

centre du Monde et qui est commun à tous les corps célestes; de même, en effet, que, parmi les éléments, les uns, comme les corps légers, désirent s'écarter du centre, que les autres, comme les corps graves, tendent au centre, de même le ciel est, par sa nature, transporté autour du centre; en sorte que les mouvements selon les épicycles et les excentriques ne sont pas naturels au même degré [que le premier mouvement]; ils sont plutôt volontaires, car ils ne se font pas autour du centre naturel du Monde. Mais de ces mouvements des cieux nous parlerons plus longuement et plus pleinement dans la suite, au *troisième livre,* et nous prouverons alors ce qu'il en faut penser. (*Sed postea de hiis motibus celorum longius et plenius sermo fiet in* TERTIO LIBRO, *et ibi verificabitur quod oportet*) ».

Ce renvoi désigne, de la manière la plus claire, le traité *De caelestibus,* que Bacon regardait donc comme le *troisième livre* de l'ouvrage qu'il composait.

Néanmoins, sans rien préjuger par là de l'exactitude du numérotage adopté par le texte de la Bibliothèque Mazarine, nous conviendrons de suivre ce numérotage et de désigner le traité *De caelestibus* cômme le second livre des *Communia naturalium.*

La première partie, composée de quatre chapitres, traite des corps simples qui forment le Monde, et qui sont les quatre éléments et l'essence céleste.

La seconde partie (1) consacre cinq chapitres à l'étude des figures polyédriques qui peuvent remplir l'espace, à la figure sphérique du ciel, des divers éléments et, en particulier de l'eau; Bacon consacre un chapitre (Cap. V) à cette proposition paradoxale à laquelle il revient si volontiers dans ses divers écrits: Un vase plein d'eau contient un volume liquide d'autant plus petit qu'on l'éloigne davantage du centre du Monde.

La troisième partie (2), qui comprend trois chapitres, établit que le Monde est unique et qu'il est fini.

(1) Bibl. Mazarine, ms. 3576, fol. 99, col. a.
(2) Ibidem, fol. 106, col. d.

En ces trois parties abondent les réminiscences de l'*Opus majus;* bien des chapitres sont soit un résumé, soit une paraphrase de ce que Bacon avait écrit en sa première lettre à Clément IV; mais aucun ne reproduit textuellement les termes de cette lettre. Les trois parties que nous venons d'analyser ont-elles donc été spécialement rédigées pour figurer aux *Communia naturalium* ou bien sont-elles extraites de quelque ouvrage composé posterieurement à l'*Opus majus?* Naturellement, nous n'avons aucun moyen péremptoire de choisir entre ces deux solutions.

Nous avons vu, toutefois, au fragment nouvellement découvert de l'*Opus tertium*, l'affirmation que la partie mathématique de l'*Opus minus* contenait un traité étendu *De caelestibus*: « En énumérant les diverses parties de l'*Opus majus,* dit Bacon (1), j'ai inséré en la partie mathématique beaucoup de choses touchant la connaissance des corps célestes; elles y sont considérées soit en elles-mêmes, soit dans leurs rapports avec les choses inférieures qui sont engendrées par leurs vertus, selon les diverses régions et, en une même région, en des temps différents; c'est un de mes écrits les plus importants *(et hoc est unum de majoribus que scripsi)* ».

Nous avons eu occasion, d'ailleurs, (*vide supra,* § V) de relever en l'*Opus tertium* diverses allusions au traité *De caelestibus* que renfermait l'*Opus minus.*

Dès lors, il nous parait assez vraisemblable qu'au second livre des *Communia naturalium,* les trois premières parties aient été tirées de l'*Opus minus.*

Nous étendrons cette hypothèse aux dix chapitres qui forment la quatrième partie (2). Ces chapitres traitent du nombre des cieux, de leurs différences spécifiques, du nombre des étoiles, de la distinction spécifique qui existe entre les diverses étoiles ou entre une étoile et son orbite; ils examinent si une étoile se meut d'elle-même ou si elle est entraînée par son orbe; ils déterminent enfin la figure des étoiles. Que tout cela

(1) Bibliothèque Nationale, fonds latin, ms. 10264, fol. 221, verso.
(2) Bibl. Mazarine, ms. 3576, fol. 111, col. a.

provienne de la partie de l'*Opus minus* où Bacon traitait « *de noticia celestium secundum se* », c'est assurément une supposition fort plausible.

Mais cette analyse du second livre des *Communia naturalium* nous amène à la cinquième partie de ce livre; l'origine des divers chapitres qui composent cette cinquième partie ne sera plus, pour nous, un simple objet de conjectures; nous pourrons, ici, atteindre des certitudes.

Reproduisons, d'abord, le début (1) de cette partie:

« *Incipit quinta pars secundi libri naturalium.*

« *Capitulum primum. — Terminata parte in qua investigamus numerum et figuraciones corporum mundi et motus, considerandum est de magnitudine, et altitudine, et spissitudine celestium. Ad hoc autem considerandum, necesse est ponere aliquam radicem notam. Hec autem est quantitas arcus terre que respondet uni gradui in celo, secundum quod docet Alphraganus ca° 8°* ».

Or ces deux dernières phrases: « *Ad hoc autem considerandum... secundum quod docet Alfraganus capitulo VIII* », nous les trouvons en l'*Opus majus* (2), où elles inaugurent une importante discussion sur la détermination du rayon terrestre.

Le texte des *Communia naturalium* reproduit ensuite, sans aucune variation qui vaille la peine d'être notée, le texte de l'*Opus majus*, jusqu'à ces mots (3): «.... *secundum Theodosium, sed non erunt propter hoc aequales* ».

A partir de ces mots, le texte des *Communia naturalium* ne nous présente qu'une paraphrase du texte de l'*Opus majus*.

Les deux dernières phrases du chapitre des *Communia naturalium* sont les suivantes (4): « *Et secundum hanc radicem perfecte computatam, erit quarta terre habens 33150000 miliaria in sua superficie, et octava terre habebit miliaria 4143750. Hiis*

(1) Bibl. Mazarine, ms. 3576, fol. 120, coll. a et b.

(2) ROGERI BACON *Opus majus*, Pars IV, Mathematicae in divinis utilitas; éd. Jebb, p. 141; éd Bridges, t. I, p. 224.

(3) Bibl. Mazarine, ms. 3576, fol. 120, col. b. — *Opus majus*, éd. Jebb, p. 142; éd. Bridges, t. I, p. 225.

(4) Bibl. Mazarine, ms. 3576, fol. 121, col. c.

enim duabus quantitatibus indigemus, sicut et ceteris predictis ». Ces deux phrases sont extraites textuellement de l'*Opus majus* (1).

Voilà donc, en cette cinquième partie du *De caelestibus*, un premier chapitre dont l'*Opus majus*, recopié ou paraphrasé, a fait tous les frais. L'origine des chapitres suivants va nous apparaître non moins certaine.

Roger Bacon nous annonçait, au début de ce premier chapitre, qu'il se proposait de traiter « de la grandeur, de la hauteur et de l'épaisseur des corps célestes ». Visiblement donc son intention était d'exposer la théorie qu'il a donnée en l'*Opus majus* d'après le traité d'Al Fargani. Mais cette théorie repose sur l'emploi du système des excentriques et des épicycles, tel qu'il est développé en l'Almageste. Il est donc naturel qu'avant d'aborder l'étude des dimensions des diverses sphères célestes, Bacon présente les principes de la doctrine de Ptolémée et examine la valeur des raisons que l'on peut invoquer pour ou contre ces principes. C'est, en effet, l'objet des chapitres II à XVI de la cinquième partie du *De caelestibus*.

Ce chapitre II du *De caelestibus* commence en ces termes (2) :

« *Quoniam propter intemperantiam visibilis a visu etiam accidit error in omnibus intentionibus a visu comprehensis....* ».

Ces mots, nous les reconnaissons pour les avoir rencontrés non loin du début (3) du traité *De motibus corporum caelestium* que contient le fragment récemment découvert de l'*Opus tertium*. Et en effet, si nous lisons, d'un côté, les chapitres II à XVI de la cinquième partie du traité *De caelestibus*, traité qui forme lui-même le second livre des *Communia naturalium*; d'un autre côté, le traité *De motibus corporum caelestium* qui occupe une très grande place au fragment nouvellement exhumé de l'*Opus tertium*, nous constatons que ce texte là est la reproduction à peu près formelle de celui-ci ; les mo-

(1) ROGERI BACON *Opus Majus*, éd. Jebb, pp. 142-143 ; éd. Bridges, t. I, pp. 226-227.

(2) Bibliothèque Mazarine, ms. 3576, fol. 121, coll. c et d.

(3) Bibliothèque Nationale, fonds latin, ms. 10264, fol. 194, r°.

difications qui les distinguent l'un de l'autre sont peu nombreuses et peu importantes.

En premier lieu, en l'*Opus tertium*, le traité *De motibus corporum caelestium* debutait par un assez long préambule; en ce préambule, Bacon expliquait au Pape pour quelles raisons il avait cru devoir insérer cette dissertation astronomique aussitôt après les chapitres qui traitaient de la Perspective. Aux *Communia naturalium*, ce morceau se fût trouvé déplacé; il a été supprimé.

Le traité *De motibus corporum caelestium* donné en l'*Opus tertium* renferme deux figures assez soignées: l'une de ces figures représente les orbes du Soleil, disposés selon les hypothèses d'Ibn al Haitam, tandis que l'autre représente les orbes de la Lune. Aux *Communia naturalium*, Bacon n'a pas tracé ces figures; il a donc supprimé les descriptions détaillées de leur construction, qu'il avait données en l'*Opus tertium*, et il a remplacé ces deux descriptions par deux courtes phrases qui en pussent tenir place.

Telles sont les seules différences qui vaillent d'être notées entre le texte de l'*Opus tertium* et le texte des *Communia naturalium*; hors d'elles, il ne reste à signaler que des variantes de copie.

La cinquième partie de la dissertation *De caelestibus*, qui forme le livre II des *Communia naturalium*, nous a donc présenté, en premier lieu, un chapitre où la mesure de la Terre était traitée d'après l'*Opus majus*, puis quinze chapitres, tirés de l'*Opus tertium*, où le système de Ptolémée était exposé et discuté; si Bacon était fidèle au plan qu'il a tracé au premier chapitre, il devrait aborder maintenant la détermination des dimensions des orbites célestes.

A la place où nous nous attendions à trouver cette détermination, nous trouvons trois chapitres qui terminent le texte manuscrit conservé à la Bibliothèque Mazarine; il est si peu naturel de les rencontrer en cet endroit qu'ils s'y trouvent, croyons-nous, non par la volonté de Bacon, mais par une erreur du copiste.

Ces trois chapitres, en effet, font double emploi avec les quinze chapitres qui les précèdent, et cela de la manière la plus flagrante.

Le premier d'entre eux, qui est donc le XVIIe de la cinquième partie du *De caelestibus* (1), reprend l'exposé du débat qui s'est élevé, entre les philosophes représentés par Averroès et par Alpetragius, d'une part, et, d'autre part, les mathématiciens disciples de Ptolémée. Cet exposé est beaucoup moins complet que la dissertation donnée en l'*Opus tertium* et reproduite, immédiatement avant, aux *Communia naturalium*. C'est ainsi que les agencements d'orbes solides qu'Ibn al Haitam a imaginés, et que Bacon, en sa dissertation, a longuement exposés et discutés sous le nom d'*ymaginatio modernorum,* ne sont même plus mentionnés en ce chapitre XVII. C'est ainsi encore, qu'en ce même chapitre, l'auteur s'excuse (2) de ne pas reproduire les théories d'Alpetragius et renvoie le lecteur à la lecture de l'ouvrage de ce dernier: « *Objecta igitur per radices Averrois et Alpetragii solvi debent, et lectorem presencium ad sentencias eorum transmitto, et precipue ad librum Alpetragii, propter copiam sermonis quem ego hic non possem brevitate qua tunc competit explicare. Quod si hic fieret, oporteret librum ejus hic inseri, quod non decet* ». Or la dissertation qui a passé de l'*Opus tertium* aux *Communia naturalium* renferme un exposé assez détaillé de la doctrine d'Al Bitrogi; cet exposé occupe les chapitres VII, VIII, IX et X (3) de la cinquième partie du *De caelestibus;* à lire le texte conservé par la Bibliothèque Mazarine, on croirait que l'auteur avait oublié l'existance de ces quatre chapitres alors qu'il rédigeait le chapitre XVII.

Le chapitre XVIII (4) est consacré à exposer sommairement le système de Ptolémée; le chapitre XIX (5) traite du mouvement de la huitième sphère selon l'hypothèse de Thâbit ibn Kourrah. L'exposé du système de Ptolémée, donné par le premier de ces chapitres, est certainement moins complet que l'exposé du même système qui, après avoir figuré en l'*Opus*

(1) Bibliothèque Mazarine, ms. 3576, fol. 130, col. a, à fol. 131, col. a.
(2) Ibidem, fol. 130, col. a.
(3) Ibidem, fol. 123, col. d, à fol. 125, col. b.
(4) Ibidem, fol. 131, col. a, à fol. 133, col. c.
(5) Ibidem, fol. 133, col. c, à fol. 134, col. c.

tertium, est venu former les chapitres II à V(1) de la cinquième partie du *De caelestibus.* Au contraire, le second de ces chapitres donne, au sujet de la trépidation, des détails plus circonstanciés que le chapitre VI(2), emprunté à l'*Opus tertium.*

Il est donc bien avéré que les trois derniers chapitres du *De caelestibus* forment double emploi avec les quinze chapitres qui les précèdent.

Le plan que Bacon se proposait de suivre en rédigeant les *Communia naturalium* semble brusquement interrompu après le XVIe chapitre de la cinquième partie de ce second livre intitulé *De caelestibus.* Les trois chapitres qui viennent ensuite paraissent être un fragment de quelque autre ouvrage; ils ont, sans doute, été mis à cette place à cause de l'identité du sujet qu'ils traitaient et de celui qui se trouvait discuté dans les quinze chapitres précédents.

De quel ouvrage de Bacon ce fragment provient-il? Est-il possible d'émettre à ce sujet quelque conjecture probable?

Il est difficile de ne pas voir en ce fragment un essai, une sorte d'ébauche de la grande dissertation astronomique qui a été insérée d'abord en l'*Opus tertium,* puis aux *Communia naturalium.* Partant, il est difficile de n'en pas regarder la rédaction comme antérieure à celle de l'*Opus tertium.* Ce point accordé, il semblerait bien naturel d'y voir une relique de ce traité *De caelestibus* que contenait l'*Opus minus.*

X.

De l'influence exercée par Roger Bacon sur Bernard de Verdun.

« On lit (3) à la fin d'un manuscrit de la Bibliothèque Royale de Paris (4): *Tractatus optimus super totam Astrologiam,*

(1) Bibliothèque Mazarine, ms. 3576, fol. 121, col. . à fol. 123, col. c.

(2) Bibliothèque Mazarine, ms. 3575, fol. 123, coll. c et d.

(3) *Notices succinctes sur divers écrivains de l'an 1286 à l'an 1300,* par Émile Littré; in *Histoire littéraire de la France,* ouvrage commencé par les religieux Bénédictins et continué par les membres de l'Institut, t. XXI, pp. 317-320; Paris, 1847.

(4) Bibliothèque nationale, fonds latin, n° 7333, fol. 1, col. a, à fol. 48, col. a.

editus a fratre Bernardo de Virduno, professore, de ordine minorum. C'est là tout ce que nous savons de cet auteur: Il était de *Virdunum,* Verdun sur Meuse ou quelque autre Verdun de France, professeur, et de l'ordre des frères Mineurs, quoique son nom ne figure ni dans la Bibliothèque de Wadding, ni dans le supplément. Tout renseignement nous manque sur l'âge où il a vécu. L'écriture du manuscrit est du commencement du XIVe siècle; dès lors, on ne peut faire descendre l'auteur plus bas; et il est très vraisemblable qu'il appartient au XIIIe. Les seuls auteurs qu'il cite sont Aristote, Euclide, Ptolémée, Albatenius, Thesbit, Arsachel, Averroès et Alpetragius.

« Le traité sur toute l'Astrologie, de 48 feuillets sur deux colonnes in-f°, commence ainsi: *Quia ex scientiis fructu dignioribus, et ex loco ordinis sublimioribus, elegantiaque pulcrioribus, etc.,* et finit par ces mots: *Hec sufficiant: fui enim prolixior quam credideram, sed non inutiliter* ».

Indépendamment du manuscrit signalé par Littré, la Bibliothèque Nationale possède un second exemplaire (1) du Traité de frère Bernard de Verdun; ce second exemplaire fut écrit également au XIVe siècle; à ce moment donc, l'ouvrage du frère Mineur jouissait vraisemblablement d'une vogue assez grande.

Or, on peut faire un rapprochement curieux entre le *Tractatus super totam Astrologiam* et le fragment astronomique qui termine les *Communia naturalium* de Roger Bacon, après avoir appartenu, croyons-nous, à l'*Opus minus.* Une page de cet ouvrage-ci offre de telles ressemblances avec une page de celui-là que l'une de ces deux pages a été écrite, nous en avons l'assurance, par un auteur qui avait l'autre page sous les yeux.

Voici d'abord la page écrite par Roger Bacon aux *Communia naturalium* (2):

---

(1) Bibliothèque nationale, fonds latin, n° 7334. Ce volume ne contient que le *Tractatus super totam astrologiam.*

(2) FRATRIS ROGERI BACON *Communia naturalium;* lib. II: De caelestibus; pars V, cap. XVII. Bibliothèque Mazarine, ms. 3576, fol. 130, col. a.

« *Unde Averroes dicit super XI° Methaphisice quod Astronomia vera fundatur super principia naturalia que destruunt epiciclos et ecentricos, et tamen confitetur se non posse explicare hanc Astronomiam, sed tangit radices ut det occasionem sequentibus studiosis. Dicunt etiam omnes tam mathematici quam naturales quod duplex est modus salvandi apparentia, unus per ecentricos et epiciclos, alius per motus orbis ejusdem secundum multa genera polorum, scilicet duo, tria* (1) *et plura, ut sint motus compositi non simplices, sicut Averroes docet super XI*m *Methaphisice, ubi dicit quod possibile est omnia salvari per hunc modum, nam quod difficilius est, scilicet* (2) *longitudinem Lune majorem et minorem secundum visum a terra, et aliarum planetarum, dicit esse possibile salvari. Et Alpetragius, sequens eum et forsan excitatus per radices Averrois, deduxit eas in ramos et flores et fructus pulcros* ».

Voici maintenant la page que nous lisons au *Tractatus super totam Astrologiam* de Bernard de Verdun (3):

« *Capitulum quartum, in quo ponitur duplex modus salvandi apparentia predicta, et excluditur primus, et ideo infertur secundus* (sic) *esse necessarius* (sic).

« *Cum enim ut ab omnibus de hac materia rationabiliter loquentibus tantum sit duplex modus salvandi predicta, unus quem tangit Averoys XI° metaphisice, ubi dicit quod astrorum Astronomia vera fundatur super principia naturalia que destruunt ecentricos et epiciclos, quod dicit posse* (4) *contingere, si unus orbis movetur super multos polos ut sint motus compositi ex multis motibus, et tamen confitetur se non posse explicare hanc Astronomiam; unde Alpetragius, sequens eum, forsan ex hiis excitatus, radices Averoys deduxit in ramos et flores et fructus pulcros, ut aliquibus videtur* ».

Le rapprochement de ces deux pages ne saurait laisser place au doute; l'un des deux auteurs a reçu l'inspiration de l'autre. Quel est celui qui a fourni le modèle? Quel a été

---

(1) Au lieu de: *tria,* le ms. porte; *peria.*

(2) Au lieu de: *scilicet,* le ms. porte: *secundum.*

(3) Fratris Bernardi de Virduno *Tractatus super totam Astrologiam,* tract. III, dist. III, cap. IV. — Bibliothèque Nationale, fonds latin, ms. 7333, fol. 18, col. b; ms. 7334, fol. 12, col. b.

(4) Au lieu de: *posse,* le ms. 7333 porte: *post se.*

l'imitateur? La réponse à cette question ne saurait, non plus, être retenue longtemps par l'hésitation, tellement le passage que nous venons de citer porte, nettement reconnaissable, la marque du style de Roger Bacon.

En particulier, la métaphore qui termine ce passage paraît avoir été, pour Bacon, l'objet d'une véritable prédilection. En voici quelques emplois, notés au hasard parmi ses divers écrits:

« *Quamvis* (1) *autem scriptum principale non transmitto, nihilominus meliores et majores sapientie radices, juxta posse meum, et ramos proceriores, cum florum* (2) *suavitate et fructuum dulcedine Vestre Reverentie gaudeo presentare ex quantitate sufficientem* (sic) *scripture, donec placeat Vestre Sanctitati majorem requirere* ».

« *Protraxi* (3) *hanc partem tertiam Philosophiae Moralis gratis propter pulcritudinem et utilitatem sententiarum moralium, et propter hoc quod libri raro inveniuntur, a quibus erui has morum radices, flores et fructus* ».

« *Et hic sunt radices* (4) *totius sapientiae rerum et scientiarum, propter quod diligenter volui has revolvere et examinare, et ad ramos, et flores, et fructus applicare* ».

« *Nam prius posui radices* (5) *de complexionibus locorum; nunc autem aliquos ramos, fructus et flores* ».

« *Deinde* (6) *quia textus et quaestiones theologiae multum utuntur coelestibus, et loquuntur de altitudine coelorum, et de eorum et stellarum spissitudine et magnitudine, et non possunt haec sciri nisi per magnam numerorum potestatem, ideo posui radices circa haec, et extraho flores et fructus* ».

« *Ab Aristotele* (7) *et aliis habemus fundamenta, sed non omnes ramos utiles, nec fructus universos* ».

---

(1) ROGERI BACON *Epistola ad Clementem IV*m; Bibliothèque Nationale, fonds latin, nouv. acq., ms. 1715, fol. 145, recto.

(2) Le ms. porte: *falsorum* au lieu de: *florum*.

(3) ROGERI BACON *Opus majus*, Pars septima principalis (De morali philosophia), pars IV, cap. I; éd. Bridges, t. II, p. 366.

(4) BOGERI BACON *Opus tertium*, cap. XXXI, éd. Brewer, p. 108.

(5) Ibidem, cap. LIV; éd. Brewer, p. 204.

(6) Ibidem, cap. LVIII, éd. Brewer, p. 228.

(7) ROGERI BACON *Compendium Philosophiae*; cité par ÉMILE CHARLES, *Roger Bacon, sa vie, ses ouvrages, ses doctrines*; p. 409.

Ces diverses citations autorisent, croyons-nous, cette conclusion: Au *Tractatus super totam Astrologiam,* il est une page que Bernard de Verdun a presque textuellement empruntée à son frère en saint François, Roger Bacon.

De là à conclure que Bernard de Verdun connaissait les divers écrits où Roger Bacon traitait de l'Astronomie, il n'y a qu'un pas, bien aisé à franchir. Or cette nouvelle conclusion éclaire vivement et met en plein relief certaines particularités du *Tractatus super totam Astrologiam* qui, sans elle, n'eussent pas été exactement appréciées.

Bacon paraît avoir hésité toute sa vie entre le système de Ptolémée, le seul qui *sauvât* avec quelque exactitude les *phénomènes* célestes, et les objections que les Averroïstes faisaient valoir contre ce système; nous avons vu cette hésitation se manifester pleinement en ce traité *De motibus corporum caelestium* que renferme le fragment nouvellement découvert de l'*Opus tertium.* En ce traité, nous avons vu l'illustre franciscain exposer avec grand soin l'hypothèse d'Ibn al Haitam, reconnaître que cette *ymaginatio modernorum* pare à quelques unes des attaques dirigées par Averroès contre l'Astronomie de l'Almageste, mais railler cependant ceux qui croient, par ces agencements d'orbes solides, avoir fait disparaître tous les motifs que l'on pouvait avoir de douter du système de Ptolémée.

Ce qui caractérise le traité de frère Bernard de Verdun, c'est une confiance absolue en la théorie des mouvements astronomiques proposée par Ptolémée; et ce qui, selon l'astronome franciscain, autorise cette confiance, c'est l'emploi des agencements d'orbes solides imaginés par Ibn al Haitam, car cet emploi réduit à néant toutes les objections averroïstes.

Or, si l'on rapproche les arguments par lesquels Bernard de Verdun défend le système de Ptolémée des critiques que Roger Bacon adresse à ce système, ceux-là semblent très souvent être des répliques à celles-ci; on croit, en bien des cas, assister à une *discussion quodlibetale* entre les deux savants franciscains.

Le triomphe du système de Ptolémée, incontesté à l'Université de Paris, et aussi à l'Université de Vienne qui en était issue, du début du XIVe siècle au milieu du XVIe siècle, semble intimement lié à l'emploi des méthodes d'Ibn al Haitam; d'autre part, cet emploi paraît avoir été introduit et développé à Paris par l'enseignement des Franciscains et, vraisemblablement, par le traité de Bernard de Verdun. Ce que nous venons de dire insinue, en outre, cette pensée : Roger Bacon aurait le premier, par les discussions qu'il avait insérées en l'*Opus tertium,* appelé l'attention de ses frères en Saint François et, particulièrement, de Bernard de Verdun, sur les agencements d'orbites imaginés par l'auteur arabe qui, sans doute, subissait lui-même l'influence de Simplicius. Si ces vues étaient exactes, Roger Bacon nous apparaîtrait comme ayant donné une impulsion décisive aux études astronomiques du Moyen-Age, et cela, particulièrement, grâce au traité *De motibus corporum caelestium* qu'il avait inséré en l'*Opus tertium.*

UN FRAGMENT

DE

L'OPUS TERTIUM

DE

ROGER BACON.

AVERTISSEMENT.

Les pages suivantes reproduisent, aussi scrupuleusement qu'il nous a été possible de le faire, le texte contenu au ms. n.º 10264 (fonds latin) de la Bibliothèque Nationale. Toutes les fois que nous avous cru devoir apporter une modification à ce texte, une note signale cette modification et donne le texte primitif.

Lorsque nous avons supprimé un alinéa marqué par le copiste, nous avons également mentionné cette suppression en une note.

Les alinéas que le copiste n'avait pas marqués et que nous avons introduits sont précédés d'une croix (†).

Nous n'avons pas respecté la ponctuation du copiste, car elle nous a paru fort arbitraire.

La pagination du texte manuscrit est reproduite à la marge; dans le corps du texte imprimé, un trait vertical (|) indique la place exacte du changement de page du manuscrit.

Certaines parties du manuscrit sont reproduites aux *Communia naturalium*; pour ces parties, nous avons indiqué en marge la pagination du texte manuscrit n.º 3576 de la Bibliothèque Mazarine; la place d'un changement de colonne en ce texte est marquée, dans le texte imprimé, par un double trait vertical (||).

Nous avons signalé les variantes importantes que les *Communia naturalium* apportent à notre texte; nous avons négligé les variantes de détail.

Liber tertius Alpetragii. In quo tractat de perspectiva: De comparatione scientie ad sapientiam: De motibus corporum celestium secundum ptolomeum. De opinione Alpetragii contra opinionem ptolomei et aliorum. De scientia experimentorum naturalium. De scientia morali. De articulis fidei. De Alkimia. fol. 186, r.

Postquam manifestavi mathematice potestatem, aspiravi (1) ad perspective dignitatem. Que quia pulchrior est omnibus scientiis, et utilitates habet respectu omnium sine qua nulla sciri potest; insuper, respectu sapientie (2) absolute et relate, est utilis et efficax, et miris modis quibus alie scientie non utuntur; ideo prosequutus sum hanc scientiam diligentius quam precedentes, et precipue quia non solum a vulgo Latinorum, sed a sapientibus multis ignoratur, propter sui novitatem et mirabilem profunditatem. Et propter hoc decrevi quod non imitarer unum auctorem, sed ab omnibus eligerem electiores sententias (3). Nam licet perspectiva Alhaceni (4) sit in usu aliquorum sapientium Latinorum, tamen paucioribus est perspectiva Ptolomei precognita. Que tamen est radix illius scientie, a qua Alhacen sumpsit originem sue sapientie. Nam nihil aliud facit, nisi quod fideliter explicat Ptolomeum; quamvis tamen superfluus est ultra modum. Sententias etiam electas extraxi ab aliis auctoribus, scilicet a Jacobo Alkindi, et a Tideo,

(1) Au lieu de: *aspiravi,* le ms. porte: *aspreavi.*

(2) Au lieu de: *sapientie,* le ms. porte: *sapit.*

(3) Au lieu de: *sententias,* le ms. porte: *scientias.*

(4) Au lieu de: *Alhaceni,* le ms. porte: *Albateni.*

et ab Euclide, et a libris de visu et speculis, secundum quod hic videbatur mihi expedire; multa relinquens propter superfluitatem eorum et quia inutilia sunt, et alia propter abbreviationem, secundum formam persuasionis intente, quia non feci scripta principalia, sed preambula, ut sepe dixi. Nihilominus tamen perfectius longe tractavi hanc scientiam propter pulchritudinem, et quia [magis](1) ignota est quam alias scientias. Et nunc volo discurrere per principales veritates tactas in singulis distinctionibus et capitulis; ut si scriptum quod misi fuerit amissum, videat Vestra Sapientia que debetis a sapientibus hujus mundi de hac scientia nobili requirere. Discussi igitur in hac scientia omnes virtutes anime sensitivas, et organa earum, et objecta, et operationes, que virtutes sunt decem, et maxime de interioribus, que sunt sensus communis, ymaginatio, cogitatio, estimatio et memoria. Et certificavi has, propter summam difficultatem, et errores qui hic dicuntur; et quia radix istius scientie consistit in eis, sicut manifesto. Deinde certifico originem et compositionem oculorum, quia sine hoc non potest sciri quomodo fiat visio.
fol. 186, v. Detego ergo quomodo nervi | optici, scilicet concavi, in quibus est virtus visiva, oriuntur a partibus cerebri, et quomodo (2) componuntur ex triplici tunica, atque (3) in modum crucis se intersecant in superficie cerebri, in qua sectione est organum principale videndi, et non in oculis; quia visus non perficitur antequam species rei vise veniat ad locum suum; et qualiter tunc ab illa sectione venit nervus dexter ad sinistrum oculum, et sinister ad dextrum; et quomodo tunc nervus ingreditur foramen ossis oculi; et qualiter se extendit in concavitatem ossis; et sicut componitur ex triplici tunica nervali, sic se explicat in tribus pelliculis, que faciunt tres

(1) *Magis* n'est pas dans le ms.
(2) Au lieu de: *quomodo*, le ms. porte: *eo modo*.
(3) Au lieu de: *atque*, le ms. porte: *et que*.

tunicas oculi, infra quas continentur tres humores, per quos perficitur visus, licet tamen in ullo (1) eorum sit virtus visiva. Et hec omnia nomino et certifico secundum auctores perspective, cum adjutorio naturalis philosophie et medicine, quoniam perspectivus dicit hoc in universali, et supponit quod omnis qui vult scire, habeat noticiam radicalem a naturali philosophia et medicina. Et hic est pulchra consideratio cum expulsione multorum errorum.

Deinde prosequor figuram oculi, et omnium tunicarum ejus, et humorum, ut inveniantur centra omnium, quia sine his non potest intelligi visio; et pono figuram oculi, in qua signantur tunice oculi, et humores, et centra omnium. Et hic est difficultas, et pulchritudo, et exclusio erroris multiplicis.

Deinde ostendo proprietates nobiles omnium tunicarum, et humorum, et omnium que attinent oculo, ut ciliorum et palpebrarum, ut appareant utilitates singulorum speciales in operatione videndi.

Et post hec ostendo quod species rei exigitur ad visum, et quomodo tollitur omnis confusio videndi que triplex esset, nisi natura sagax occurreret. Et una estimaretur esse propter parvitatem pupille, que videt maxima corpora, et fere quartam celi, et hoc distincte secundum omnes partes ejus; et illud est mirabile, nec fieri [potest] (2), nisi propter figuram oculi determinatam.

Alia posset estimari, quia ad omnem partem pupille veniunt species a singulis partibus rei. Et ideo species diversorum colorum miscentur in qualibet parte pupille. Quare videtur confusio fieri visionis.

Res enim quelibet multiplicat speciem suam in omnes dyametros, et undique sperice, ut probatum est in geometricis. Et ideo quelibet pars rei vise facit speciem ad quamlibet partem pupille, quia in qualibet

(1) Au lieu de: *ullo*, le ms. porte: *uno*.

(2) *Potest* n'est pas dans le ms.

parte eius confunduntur species, et miscentur, ut fiat visio confusa, nisi operatio nature secreta obviaret.

fol. 187, r. Tertia videretur, quia procul du- | bio species venientes a diversis visibilibus, et a partibus diversis ejusdem rei, miscentur vera mistione in quolibet puncto aeris, quatinus fiat visio distincta. Sed hic est error magnus fictus in vanum, eo quod dabimus veram mistionem specierum in quolibet puncto aeris, et tamen salvabimus distinctionem visus; et hoc est inauditum usque ad hoc tempus. Nam invenimus quod non solum vulgus naturalium, sed perspectivi et auctores dicant species in medio esse distinctas, propter distinctam visionem. Sed dando oppositum, possumus veraciter salvare visionem. Et hoc ostendo in figura, et probo sine contradictione, quod species in omni puncto aeris miscentur vera mixtione naturali. Unde multum erratur in hac parte.

† Deinde quia tolleretur visio, nisi fieret fractio speciei inter pupillam et nervum communem, in quo est communis sectio nervorum, de qua superius dixi; et dextra videretur sinistra, et e converso; ideo demonstro hoc per legem fractionum, in geometricis expositam, ut sic salvetur visio. Et nichilominus tamen oportet quod species rei vise multiplicet se novo genere multiplicationis, ut non excedat leges quas natura servat in corporibus mundi. Nam species a loco istius fractionis incedit secundum tortuositatem nervi visualis, et non tenet incessum rectum, quod est mirabile, sed tamen necesse, propter operationem a se complendam. Unde virtus anime facit speciem relinquere leges communes nature, et incedere secundum quod expedit operationibus ejus.

Et adjungo, quod omnibus est contrarium, tum tamen veracissimum sit, et ab Aristotile XVIIII de animalibus, et ab Augustino sexto musice, et in pluribus locis, et a Ptolomeo, et Tideo, et Jacobo Alkindi, et aliis multis; et est: Quod visus fiat extramittendo. Et fit virtus visiva, vel species oculi animati, radiosa usque ad omne

Aristotiles *Ptolomeus* *Tideus* *Alkindus*

visibile quod videtur. Quamvis Aristotiles in topicis suis exemplificet secundum opiniones vulgatas, quod visus non fiat extramittendo. Et Averrois, et Avicenna, et Alhacen videntur secundum hoc stare; ex quo omnes capiunt errorem; et ita vulgatum est, et ita infixum in cordibus vulgi, quod nolunt contrarium audire. Et pauci vident XVIIII de animalibus; et illi negligunt sensum Aristotilis, propter opinionem vulgatam. Et ideo probo hic et expono quomodo fiat visus extramittendo, et explico Avicennam, et Averrois, et Alhacen in perspectiva, quomodo non sentiunt sicut vulgus, sed sicut Aristotiles, et sicut veritas est. Et hec, et omnia eis annexa, verifico in tribus distinctionibus, cum capitulis suis.

Aristotiles *Averrois* *Avicenna* *Alhacen* *Aristotiles* *Avicenna*

De decem necessariis que ad visum requiruntur. C^m I^m fol. 187, v.

Deinde in quarta distinctione, quinta et sexta, procedo ad ulteriora hujus scientie, et primo declaro que exiguntur ad visum.

Nam sunt decem; quoniam species rei vise est primum, de qua dictum est in prioribus.

Secundum est lux, sine qua nihil videri potest; et causas hujus signo veras, reprobo falsas.

Tertium est distantia. Nam sensibile positum super sensum non videtur; cujus causam assigno; et quot miliaria potest a remotis videri (1), et in plana terra, et in altiori monte.

Quartum est oppositio recta visibilis respectu visus, quando fit visus sine reflexione et fractione; sed tamen audimus et olfacimus undique; et hoc est mirabile et ignotum.

Quintum est quod quantitas rei vidende exigitur debita; sed quantum possit ad plus videri ab oculo, estimant perspectivi quod quarta (2) celi, et hoc si oculus

(1) Au lieu de: *videri,* le ms. porte: *videre.*

(2) Au lieu de: *quarta,* le ms. porte: *quartam.*

esset in centro terre. Et hic faciunt perspectivi maximam vim, et curiosissimam movent dubitationem, et errant multum, sicut probo per rationes et experientiam. Nam non potest videri tota quarta ab oculo, nec in centro, nec alibi, sed fere quarta; et hoc est propter dispositionem oculi, sicut declaro.

Sextum quod ad visum exigitur specialiter est ut visibile, quod per se et de se natum est facere speciem suam in visum, quod vocamus communiter objectum visus et visibile, sit minus rarum medio videndi, quod est aer, et ideo minus rarum igne et orbibus celestibus, qui sunt medium in visu; sed non oportet esse minus rarum aqua; quia aqua, et cristallus, et alia media videndi possunt videri per se; sunt enim sensibilia per se, et non per accidens. Et ideo si omnes orbes celestes sunt rari, nichil videmus in eis nisi stellas, quamvis estimemus aliquid videre spericum et rotundum, in quo sunt stelle. Nam Ptolomeus dicit, secundo perspective, quod ex magna distantia quantumcunque rarum potest terminare speciem visus, ut ultra se non multiplicet, et stat sicut ad densum quod est prope, et ideo deficit visio, et non est aliquid quod videatur. Si vero aliquod celorum esset totum densum, ut orbis stellatus, secundum quod aliqui existimant, vel saltem celum aqueum, et decimum, tunc terminabitur visus ad eos, et erunt vere visibilia. Sed de his latius dictum est in Opere Majori. Ad que tamen attendendum est hic quod celum nonum ponitur per omnes astronomos, et celum decimum secundum Ptolomeum, et Messaalac, et alios; et secundum theologos ponitur celum decimum, et nonum, quod est aqueum; qui celi influunt in hec inferiora, ad salutem mundi; et ideo celum octavum non videtur
fol. 188, r. esse densum, sed rarum, | ut per ipsum influentia superiorum transeat celorum.

Septimum est quod oportet quod medium sit rarum, ut non impediatur transitus speciei; sed licet rarum medium exigitur respectu oculi humani, de quo loquitur perspectiva, tamen linx videt per medium parietum solidorum, sicut dicunt philosophi. Si etiam medium esset vacuum, non fieret visus, quia medium naturale exigitur ad operationes nature; et ideo nec visio, nec generatio speciei potest fieri in vacuo, sicut nec motus naturalis, ut superius dictum est. falsum est. (*Cette note n'est pas de la main d'Arnaud de Bruxelles*).

Octavum quod requiritur est tempus sensibile quod exigitur ad visum, et ad judicium visus, et ad multiplicationem speciei. De judicio enim manifestum est, quia tempus potest esse tam parvum quam visus nihil judicabit de visibili. Sed de multiplicatione speciei, an fiat in instanti vel in tempore, mira et ineffabilis est dubitatio, non solum apud sapientes magistros naturales, sed apud auctores. Ita quod ipse Aristotiles in libro de sensu et sensato dicit quod multiplicatio soni et odoris fit in tempore, de luce vero aliud est. Et in 2° de anima estimatur idem sentire. Et omnes auctores declinant ad hoc, quod in instanti fiat, preter Alhacen, in sua perspectiva. Sed istam longam contentionem discussi in Opere Primo, et probavi de necessitate quod fiat in tempore, quia omnis virtus finita agit in tempore, ut prius probatum est. Et solvo omnes rationes in contrarium, et expono auctoritates Aristotilis in 2° de anima, et de sensu et sensato. Nec est aliquid dubium consideranti ea que scribo.

Nonum est sanitas visus; quia oculus infirmus et turbatus male videt, ut patet.

Decimum est situs; quia opportet quod visibile objiciatur visui, vel facialiter, vel ex obliquo. Et tantum potest obliquari quod videbitur unum, duo. Sed hoc coincidit cum aliis dicendis in sequentibus, ut magis exponatur. Hec autem decem cum non egrediuntur temperamentum, nec per defectum, nec per superfluitatem, faciunt visionem bonam. Quando vero egrediuntur temperamentum, tunc faciunt errorem aliquem in visu.

Que sint visibilia, que in viginti duo distincta sunt. Ca^m^. II^m^.

Post hec considerari debent que sint visibilia per se, que debent videri sine errore per hujusmodi octo (1), quando non egrediuntur temperamentum; et qui modi universales cognoscendi omnia. Et hujusmodi visibilia sunt viginti duo: ut lux et color, que sunt propria visibilia. Alia viginti, que sunt communia sensibilia, quia
fol. 188, v. communiter | sentiuntur ab aliis sensibus, et maxime a tactu, ut dicit Ptholomeus 2° perspective; quia omnia que a visu sentiuntur, preter lucem et colorem, potest tactus sentire; et omnia que potest tactus sentire, preter calidum et frigidum, humidum et siccum, potest visus judicare. Et inter omnia visibilia, et alia a luce et colore, et tangibilia alia a quatuor predictis, sunt viginti que dicuntur per se sensibilia. Aristotiles autem, 2° de anima, non nominat nisi quatuor vel quinque de istis: ut magnitudo, figura, numerus, motus, quies. Sed Alhacen ponit omnia in 2° perspective, que sunt: remotio, situs, figura, magnitudo, continuatio, separatio, numerus, motus, quies, asperitas, lenitas, dyaphaneitas (2), spissitudo, umbra, obscuritas, pulchritudo, turpitudo, similitudo, diversitas. Et quedam alia sunt, que ad hec (3) reducuntur, et sub his comprehenduntur, ut expressi in Opere Majori. Omnia vero alia ab his dicuntur sensibilia per accidens. Sed qualiter hoc sit intelligendum, expressi in Opere Majori; nam fideli indiget expositione. Et de istis aliis visus non judicat per se, sed mediantibus istis viginti duobus.

† Tres autem sunt modi cognoscendi ista viginti duo. Et ut pespectivorum (4) utar eloquio, dico quod vocan-

(1) Au lieu de: *octo*, ne faut il pas mettre *decem?*

(2) Au lieu de; *dyaphaneitas,* le ms. porte: *dyaphonitas.*

(3) Au lieu de: *hec,* le ms. porte: *hoc.*

(4) Au lieu de: *perspectivorum,* le ms. porte: *perspectivarum.*

tur cognitio per sensum solum, et cognitio per scientiam, et cognitio per sillogismum vel argumentum; sed hec verba sunt male translata; quia bruta animalia non habent scientiam, nec sillogismum, et tamen cognoscunt his tribus modis secundum quod exprimuntur in perspectiva; sed non est vis de vocabulis, dummodo in sensu non erremus.

† Lux igitur in universali, et color universalis dicuntur cognosci solo sensu visus, sine alia virtute anime adjutrice, quia visus sufficit ad hoc. Sed lux particularis, ut lux Solis, vel Lune, vel candele, et color albus, vel niger, vel rubeus, et hujusmodi non cognoscuntur solo sensu visus, sed indigent virtute alia que vocatur virtus distinctiva, que distinguit universale a particularibus et particularia ab invicem. Et hujusmodi est memoria. Nam quando vidi aliquem colorem rubeum, et iterum mihi presentetur, et recolo quod prius viderim rubeum, habeo notitiam de rubeo, et scio quod est rubeus. Si autem tradidero oblivioni, tunc ignoro quis color sit.

† Sed illa 20 aliter cognoscuntur. Non enim sufficit habere visum, nec memorari preteritum, sed oportet quod multa considerentur a vidente, antequam illa cognoscat. Verbi gratia: Aliquis tenet aliquando aliquem lapidem dyaphanum, vel aliud transparens, in manu sua, et nescit quod sit dyaphanum et transparens; sed si teneat illud in aere, et post illud prope sit aliquod corpus densum, et sit lux sufficiens, tunc videbit illud densum per medium lapidis vel alterius quod in manu sua tenebit. Et quando considerat hec omnia, tunc scit quod hoc quod in manu sua tenet sit dyaphanum. Et ideo dyaphaneitas non cogno- | scitur solo visu, nec fol. 189, r.
per memoriam, sed collectionem quorundam que exiguntur ad hujusmodi visionem, ut posui in exemplo. Et quia videns sic discurrit per multa, antequam percipit dyaphanum, sicut arguens et sillogizans discurrit per propositiones plures ad unam conclusionem, ideo

vocatur cognitio per argumentum et per sillogismum. Notabile vero est quod lux et color tantum multiplicant speciem in visum, et alia non; et hoc dicit Ptolomeus 2° libro; quamvis tamen objectiones sunt in contrarium; sed solvuntur in Opere Majori.

De particularibus modis videndi. Cap^m^. III^m^.

Post hec descendo ad modos cognoscendi particulares. Et quia eadem est scientia oppositorum, simul demonstravi errores visus cum recta visione. Et primo exposui omnia que contingunt visui de bonitate videndi et impedimento propter compositionem tunicarum oculi et humorum. Et dedi causas omnium eorum, secundum quod perspectivi, naturales et medici naturaliter concordant. Et primo quare homines habentes profundos oculos longius vident. Et hujus causas assignavi quatuor per experientiam, cum exclusione cavillationis in contrarium. Et juxta hoc declaravi quare senes, quando volunt rectius videre, apponunt visibile longius a se, quam in juventute, cujus causam dat solus Ptolomeus in 2° libro. Et adjunxi causas quare aliqui acutius, et discretius, et certius vident quam alii, et quare multi in tenebris et parva luce vident melius, et alii econverso.

Deinde dedi causas quare visus aliquando judicat unum duo. Et hoc potest esse propter compositionem oculi malam, sicut in lusco, et motus spirituum secundum diversos situs, et propter vacillationem humorum in nervo visibili, et propter multa que contingunt a parte oculi. Et iterum propter vaporem qui venit propter iram ad oculos, aut propter ebrietatem, aut ex materia alterius morbi. Et pluries accidit quod aliquis humor extraneus cooperit medium pupille ex transverso vel secundum longum; et tunc aspiciens oculo uno judicat unum duo. Et aliquando accidit quod in uno loco sint due pupille; et oportet tunc quod unum videatur duo. Sed hec omnia explicavi de plano in Opere Majori, in quibus magna et occulta sapientia nature reperitur.

De bonitate videndi. C. IIII.

Deinde descendi ad bonitatem videndi, et errores a parte specierum visus et visibilium. Et primo, quare homo existens in nube, vel vapore, non videt nubem, vel vaporem; sed quando a longe est, tunc potest videre. Et qualiter unus punctus rei vise videtur in fine certitudinis; et alie partes videntur, nisi sint valde remote et oblique, sed non in fine certitudinis; potest tamen quelibet certificari, per diversum visus, | per fol. 189, v.
singulas (1) ordinate. Et accidunt hic errores videndi, scilicet quod unum videatur duo, multis de causis; et est ibi pulchra consideratio, sed non potest exprimi de plano veritas, nisi in figuris; et propter hoc figuras posui ad omnes casus visionis in hac parte, et docui instrumenta figurari, ut homo per experientiam possit hec videre. Et omnes hii errores ex diversitate situs ipsius visibilis respectu visus contingunt. Et exposui quomodo accidit aliquando quod quando videtur unum duo, tunc si oculus dexter claudatur, disparebit ymago sinistra; et si oculus sinister clauditur, disparebit ymago dextra. Quod valde admiratus est beatus Augustinus in undecimo libro de civitate Dei, capitulo secundo; et dicit quod longum esset dare causam hujus rei; et vere longum, nisi homo sciat optime que scripsi (2) in hac parte. Et tamen non semper accidit hoc; sed aliquando, sinistro oculo clauso, disparet ymago [sinistra, et dextro oculo clauso disparet ymago] (3) dextra, quamvis hoc non exprimat Augustinus; et hoc potest quilibet expe-

---

(1) Au lieu de: *singulas*, le ms. porte: *singulos*.

(2) Au lieu de: *scripsi*, le ms. porte: *scripsit*.

(3) Les mots entre [ ] ne se trouvent pas dans le ms.

riri in crepusculo estatis, aspiciendo stellam aliquam in celo, si rite experiatur quod hic exigitur.

De triplicibus universalibus modis videndi. Cap. V.

Hiis habitis, descendi ad modos triplices universales videndi, et ad decem superius tacta, que requiruntur ad visum; que, cum temperamentum non excedant, faciunt visum bonum, et alias erroneum.

Primum istorum fuit lux, quia nihil videtur sine luce. Et quando superfluit, tunc impedit visum; unde non videmus lucem stellarum de die, sole existente super orizonte, et oculo existente in superficie terre, quia lux solis egreditur de temperamento respectu stellarum videndarum, et occultat lucem earum.

Quis in profundo puteo existens, in die stellas videre potest.

Sed quando est oculus in loco profundo, ut in puteo, potest videre stellas, quia tunc lux solis temperantius ingreditur os putei; que est accidentalis, sicut prius dictum est.

De Galaxia.

Sed de Galaxia, mirum est quod non potest apparere in spera celesti, nec in spera aeris, sed in spera ignis tantum, cujus causam reddo per egressum lucis a temperamento.

Secundum fuit distantia; ex cujus egressu raritatis medii a temperamento apparet, quare videmus lucem in aurora, sole existente sub orizonte per decem et octo gradus in suo circulo altitudinis (1), et non ante.

De stellis cadentibus.

Deinde consideravi quare impressiones lucentes in aere que vocantur a vulgo stelle cadentes, et a philosophis secunde stellarum, ut Assub ascendens et descendens, et alie multe, videntur esse magne longitudinis, licet sint parve quantitatis. Et similiter in | scintillis evolantibus a caminis consimilis causa est. *fol. 190, r.*

Et sicut visio diversificatur circa lucem, propter illa novem, seu decem, sic est de colore. Nam si corpus

(1) Au lieu de: *altitudinis,* le ms. porte: *altitudines.*

applicetur immediate cristallo, vel alii perspicuo, a parte post, videtur esse color cristalli; si distet multum, non sic videtur.

Et cum viderit oculus colores, et converterit se ad loca luminosa, species coloris remanens in oculo apparebit primo quasi color puniceus, deinde purpureus, tertio niger, et sic evanescet. Et plures colores videntur unus ex distantia superflua. Et in toto habente colores diversos in partibus suis, velociter moto, ut in troco diversis coloribus colorato, apparet unus color compositus ex omnibus, propter causas certas quas Ptolomeus assignat.

Deinde manifestavi quomodo per illa novem seu decem visio varietur in cognitione per scientiam. Unde Luna habet lumen album extra umbram Terre, et in superiori parte habet lumen rubeum, et in inferiori parte non apparet; et similiter in conjunctione sua cum sole, non apparet per duos dies, ut plurimum.

Similiter de colore. Nam si inter visum et rem boni coloris ponatur pennus rarus habens foramina et intervalla magna, color rei apparebit sicut est. Si vero sint foramina parva, tunc color apparebit mixtus, et erit error in scientia circa colorem.

De cognitione rei vise per sillogismum. C. VI.

Postea consideravi qualiter per illa novem fiat cognitio per sillogismum, secundum quem modum cognoscuntur illa viginti sensibilia communia, que sunt distantia et cetera. Et hic ostendi qualiter certificatur omnis distantia, et dedi causam quare in locis planis non certificatur nobis nubium altitudo, sed in locis montuosis.

Et quare videtur nobis quod due res, ut muri vel alia, que multum distant, videntur nobis esse non distantia, quando sumus prope unum illorum, et aspiciamus aliud.

Et quare res multum distantes, ut arbores, vel homines, vel animalia, ex longinquo videntur esse continua, vel multum propinqua.

Et quare stelle erratice, id est planete, videntur esse in eodem superficie cum stellis fixis, id est non minus (1) distare.

Et corpus multorum laterum equalium videtur spericum a longe.

Et spera estimatur plana figura, ut stelle; et circulus videtur recta linea.

Et juxta hoc manifestavi quare luna habet multas
fol. 190, v. figurationes sui luminis | secundum quod nos videmus ad sensum, quod est valde difficile. Nam aliquando linea que est terminus pyramidis lucis solis recepte in corpus lune est linea recta, ut in septima die et 21[a]; et aliis diebus est semper circumferentia vel archus circuli. Mirum est de hac diversitate. Et ideo magnum capitulum composui de hoc.

† Et sicut ostendi visionem diversificari penes distantiam in multis, addidi de comprehensione magnitudinis. Et estimaverunt Latini, ante translationem perspective, quod magnitudo comprehenditur per quantitatem anguli in oculo; sicut dicitur in libro de visu quod majora sub majori angulo apparent, et minora sub minori, et equalia sub equalibus. Sed hec falsa esse ostendunt auctores perspective in exemplis ad oculum. Nam latera quadri sunt equalia, et sub inequalibus angulis comprehenduntur; et dyametri in circulo sunt (2) equales, et tamen non videntur sub angulis equalibus, ut patet in figura.

Et exposui quomodo non potest visus videre medietatem corporis sperici, sed necessario minorem ejus portionem.

† Et licet stelle in ortu et occasu videantur majores quam in meridie, quando vapores interponuntur inter

(1) Au lieu de: *minus*, le ms. porte: *plus*.

(2) Au lieu de: *sunt*, le ms. porte: *sub*.

eas et visum, cujus causa postea in fractionibus radiorum dicetur, tamen semper est quod majores apparent ex causa perpetua, que est (1) difficilis, quam hic expono in figura.

Deinde manifestavi visionem circa motum et quietem, et quomodo accidit error in eis; ut quando celum coopertum est nubibus raris, et luna poterit videri per medium earum, tunc apparet velocissime moveri; quando vero sunt pauce et distantes, vix apparet moveri, aut (2) parum.

Et quare videtur homini ambulanti versus Lunam vel Solem, quod Luna et Sol precedant eum; et quando fugit Lunam, videtur quod sequatur; et videtur homini quod sit semper in eadem distantia respectu stellarum.

Et si homo vadit ad oriens, vel occidens, et Luna vel Sol sit in meridie, semper videtur ei quod Luna et Sol sint in directo ejus.

Et similiter si multi homines stent in eadem linea inter oriens et occidens, licet multum distent, videtur tamen cuilibet quod Sol sit in directo sui.

Et stelle, licet moveantur velocissimo motu, tamen videntur stare.

Et quando homo revolvit se in circuitu, tunc, quando quiescit, videtur ei quod res moveantur circulariter.

Et quando homo est in navi mota, videtur ei quod res in ripa moveantur. Et omnium hujusmodi dedi causas.

Et his adjunxi rem dubitationis infinite, que est in ore omnium, et auctorum, et magistrorum, scilicet de causa scintillationis; quare scilicet planete non scintillant, | sed stelle fixe, ut Aristotiles dicit, primo posteriorum et 2° celi et mundi. Et ideo copiosum sermonem feci de hoc, et investigavi causas multas, de quibus una completur. fol. 191, r.

(1) Au lieu de: *est*, le ms. porte: *ex*.

(2) Au lieu de: *aut*, le ms. porte: *et*.

Et in fine omnium istorum, discussi que virtus anime est illa que cooperatur visui in cognitione per scientiam et sillogismum. Videretur autem esse anima rationalis, quia ea sola habet scientiam et sillogismum. Sed declaro per multa exempla et experimenta quod anima sensitiva est hujusmodi, et quod est quadruplex virtus anime sensitive, scilicet: cogitatio, ymaginatio, memoria et estimatio. Et propter hoc distinxi a principio omnes virtutes anime sensitive.

De tribus partibus perspective. Ca^m. VII.

Hic igitur tetigi in summa ea que latius tractavi circa visum factum super lineam rectam, scilicet de visu recto. Nam postea tractavi de visu facto (1) super lineam curvam, et fractam, et reflexam; quia tres sunt partes principales perspective (2): Una est de visu facto super lineam rectam; alia, secundum lineam reflexam; et tertia secundum lineam fractam. Due ultime communicant multum cum prima, et tertia cum secunda; et prima facilior est aliis, et secunda quam tertia, propter quod sic ordinantur.

Que vero sint leges reflexionum et fractionum communes omnibus actionibus naturalibus, ostendi in tractatu geometrie, tam in Opere Tertio quam Primo; sed principaliter in Opere separato ab his, ubi totam generationem specierum, et multiplicationem, et actionem, et corruptionem explicavi in omnibus corporibus mundi.

Sed in hoc tractatu perspective, applicavi illas leges ad actionem specierum visibilium in visum. Et ostendi in prima parte quomodo fit actio in visum secundum speciem venientem super lineam rectam; et in aliis duobus partibus, quomodo secundum reflexionem et fractionem, in quibus longe est major difficultas, et pulchrior consideratio, et utilior. Que tunc sunt propria istis sunt

(1) Au lieu de: *facto,* le ms. porte: *fracto.*

(2) Le ms. répète ici le mot: *principales.*

pauciora in quantitate, licet majora in virtute. Nec mirum si propria sunt pauciora, quoniam multa que dicta sunt de visu recto hic requiruntur. Nam illa que a principio dicta sunt de partibus anime, et de compositione oculi, et de incessu speciei in tunicis oculi et humoribus; et illa triplex cognitio per sensum solum, et per scientiam, et [per](1) sillogismum; et illa novem que requiruntur ad visum; et illa viginti duo visibilia hic observantur sicut in visu recto. Et ideo non oportet quod hic exponantur ista; sed diversitas que oritur, respectu visus recti, per reflexionem et fractionem hic consideratur.

Replicavi igitur hic de operibus predictis qualiter fiat reflexio speciei, et quid ad hoc exigitur. Nam | opor- fol. 191, v.
tet quod densum corpus resistat; et ad sensibilem et manifestam reflexionem, oportet quod sit corpus lene et politum, ut est speculum, propter causas certas. Et exposui quomodo omnis reflexio fit ad angulos equales angulis incidentie; et hoc demonstro multipliciter, tam in planis speculis, et concavis, et convexis; et pono demonstrationes diversorum auctorum ad hoc. Deinde ostendo quod nichil in speculis videtur nec est, sed sola res videtur a qua venit species. Unde species non est in speculo, nec ymago aliqua, nec ydolum, licet hoc estimat vulgus; nec aliquid tale videtur, sed res ipsa. Et hoc ostendo per causas certas. Et adjungo quod res visa per reflexionem non apparet in loco suo; sed, ut in pluribus, apparet in concursu radii visualis cum catheto, licet non semper. Quia cathetus et radius visualis aliquando [stant](2) equidistanter, sed raro. Et quando concurrunt, tunc concursus esse potest vel in oculo, vel retro caput, vel in superficie speculi, et aliquando infra speculum, aliquando ultra. Et hec diversitas accidit ex diversitate speculorum. Et propterea descendo ad omnia

(1) *Per* ne se trouve pas dans le ms.
(2) *Stant* n'est pas dans le ms.

genera speculorum regularium in quibus ars consistit. Et sunt septem: planum, spericum, columnare, pyramidale, intus et extra polita; que sunt septem; nam tria ultima possunt esse concava vel convexa, et hoc est intus vel extra polita. Ostendi igitur quomodo fit visio in omnibus his speculis. Et in planis accidit minimus error, quoniam res apparet in quantitate et figura debita, sed situs partium mutatur. Et in his speculis res apparet tantum ultra speculum quantum res distat a speculo, quod non accidit in aliis; et hoc demonstro in figura. Et tunc discurro per omnia specula alia, quot errores contingunt in singulis, et ubi est locus ymaginis, id est ubi res appareat; quia apparitio rei vocatur locus ymaginis ab ipsis perspectivis. Et pono in figura quomodo res potest apparere in oculo, vel retro caput, vel in speculo, vel ultra, vel equidistanter catheto. Et quia in libro de speculis tangitur quod diversimode fit reflexio a concavo speculo, si visibile sit prope vel distans, et in hoc erratur multum (Nam commentator illius libri male figurat, et pejus demonstrat, et omnino errat) ideo attuli veram figurationem et certam demonstrationem ad hoc. Et juxta hoc demonstro causam quare diversitas apparitionis coloris fiat in collo columbe
fol. 192, r. et in cauda pavonis, secundum diversitatem | casus lucis super illa ad angulos diversos; quia uni videbitur unus color, et alii alius, simul existentibus et aspicientibus ista.

Et quare infirmi et ebrii (1) vident se ante facies suas ambulare, ut Aristotiles exemplificat tertio metheororum, et Seneca in naturalibus; et hoc duobus modis potest intelligi, secundum quod declaro, scilicet vel per visum reflexum, vel per rectum; et utrunque est mirabile.

Et dedi causam quare quando homo aspicit ad candelam, videt multotiens magnam lucis dispersionem at-

(1) Au lieu de: *ebrii,* le ms. porte: *ebrei.*

tingere ad oculum ejus, cujus conus est in candela, ac si candela emitteret ex se radios infinitos in modum pyramidis; et satis est occulta hec causa.

Et dedi causam mirabilis apparitionis que accidit quando homo aspicit a longe aliquod splendidum, ut crucem vel aliud super campanilia et turres ecclesiarum. Nam videtur ei quod illud splendidum scintillet. Et hic assignavi specialem modum scintillationis, et causam ejus, preter ea que superius annotavi. Et hoc aliqui valde periti in perspectiva estimant multum (1), sed in vanum, quia aliter est quam ipsi putant.

Deinde majus mendacium perspectivorum enunciavi. Nam mira omnium fantasia vertitur super apparitionem ymaginum plurium in speculo posito in aqua, et credunt quod ad radios Solis videant Solem et aliquam stellam erraticam juxta Solem; et estimant quod sit Venus, quia non multum elongatur a Sole. Sed stultitia hec magnorum virorum apparet ad radios Lune, et, quod plus est, ad candelam. Nam proculdubio duplex ymago apparet ad Lunam et ad candelam, sicut ad Solem. Sed nulla stella dari potest respectu candele, ut patet, nec etiam respectu Lune. Dedi igitur causam hujus apparitionis, que invenitur communiter in Sole, et Luna, et candela.

De visu facto per lineam fractam. C. VIII.

Post hec converti stilum ad visum factum per lineam fractam; et ibi sunt majores veritates quam in precedentibus. Et multa requirerentur hic certificanda, nisi quia patent ex eis que in partibus prioribus dicta sunt. Quod autem specialiter hic in primo requiritur est quod non solum ab oculo videtur illud a quo venit pyramis radialis, sed multa que extra cadunt. Pyramis vero radialis seu visualis est composita ex speciebus venienti-

(1) Au lieu de: *multum*, le ms. porte: *multa*.

þus a partibus rei vise que cadunt perpendiculariter super primam tunicam oculi, que vocatur cornea; et illa pyramis ingreditur in foramine uvee usque ad anterius glacialis, et pertransit postea in humorem vitreum, fol. 192, v. in cujus superficie frangitur, propter | necessitatem visionis recte, sicut ostendi in principio. Multa igitur posita a lateribus istius pyramidis faciunt species suas super corneam, ad angulos obliquos; et per fractionem, contingunt hec species ad glacialem, ubi est virtus visiva, et ideo videntur. Posui igitur demonstrationem ad hoc in figura.

Secundo adjunxi quod omne quod videtur per lineam rectam vel reflexam, videtur per fractam; et hoc est de bonitate visionis, et complemento, ut non videatur res aliqua uno modo, sed pluribus, de necessitate, quatinus visio fiat certior et melior. Et hoc ostendi in figura cum demonstratione. Et non solum videtur eadem res per unam lineam fractam, sed per infinitas, ut visio compleatur.

Et tertio declaravi quod aliquod videtur aliquotiens fracte, et non recte, quamvis visibile sit in directo visus.

Et post hoc descendi ad omnem diversitatem visionis per fractionem et rimatus sum concursum radii visualis cum catheto. Nam locus ymaginis ibi reperitur. Et quia hoc potest variari penes corpora plana, et sperica, et convexa, et concava, et penes medium subtilius et densius, ideo exposui omnes istos modos; et sunt decem principales. Et in his est major nature potestas quam aliquis mortalis possit estimare. Posui igitur omnes casus, et exposui demonstrationes in figuris magnis. Et duo sunt de corpore plano. Nam cum duplex medium exigatur in fractione, tunc oculus potest esse in subtiliori, vel densiori, et res visa e contrario. Si vero oculus sit in subtiliori medio, et res in densiori, tunc oportet quod res propinquius videatur, et major longe appareat. Si e converso, tunc contrarium accidit. Si autem sunt corpora sperica, tunc vel convexitas est versus oculum, vel concavitas; et utrumque est quatuor modis. Nam si concavitas est versus oculum, tunc duobus modis potest esse si oculus sit in medio subtiliori, et duobus modis si oculus sit in densiori. Quoniam si oculus sit in subtiliori medio et concavitas medii sit versus oculum, potest oculus esse inter centrum corporis et rem visam, aut centrum inter oculum et rem visam. Si primo modo, res apparet propinquior et minor est ymago quam res. Si 2º modo, adhuc propinquius videbitur et minor erit ymago. Et sic currunt omnes canones usque ad decem, cum figuris et demonstrationibus suis, ut appareat mira visionis diversitas; et nusquam sunt pulchriores figure quam hic, nec mirabiliores demonstrationes, nec tam admirandi effectus. Quoniam ostendo primo qualiter | quedam vulgata nobis apparent et que sint cause hujus apparitionis. Omnes vero admirantur quare baculus apparet fractus in aqua; et artiste querunt semper in suis disputationibus de quolibet; et nullus unquam latinorum potuit dare causam in tali disputatione, quia nesciverunt has regulas fractionum. Nam per primam et per 7am datur causa hujus visionis sicut exposui in hac parte. Similiter cum lapis vel aliud visibile mittatur in vas sine aqua, et videns se elonget in tantum ut ibi non possit visibile contueri, tunc si aqua infundatur, videbit illud visibile, quod sine (1) aqua videre (2) non potuit. Et istud est valde mirandum. Sed causa ejus patet ex primo et septimo canone. Similiter, quando Sol, et Luna, et stelle videantur insolite magnitudinis propter interpositionem vaporum, quando sunt in ortu et occasu, accidit per tertium canonem, cum ejus figura. Et hic solvo objectiones perspectivorum in contrarium factas, quibus valde periti decipiuntur. Et stelle omnes apparent minoris quantitatis quam si esset unum me-

fol. 193, r.

ut baculus fractus in aqua.

(1) Au lieu de: *sine*, le ms. porte: *sm̄*.

(2) Au lieu de: *videre*, le ms. porte: *videri*.

dium inter nos et eas, quia cadit hic canon quintus: Quando oculus est in medio subtiliori, et concavitas corporis est versus oculum, et oculus est inter centrum corporis et rem visam. Et solvo hic dubitationes occurrentes. Et declaravi quod si corpus perspicuum ponatur super literas minutas, apparebunt magne, quod instrumentum est valde utile senibus. Et cadit hic canon septimus precipue; quia melius fit visio per ipsum quam per alios. Et sic possunt infinita determinari in rebus naturalibus.

De comparatione scientie ad sapientiam. C. VIIII.

Sed postquam comparavi potestatem istius scientie prout est necessaria ad sapientiam philosophie absolute, tunc comparavi eam ad sapientiam divinam absolute et relate, et ostendi in exemplis quomodo necessaria est sapientie divine intelligende et exponende. Nam nihil plus multiplicatur in Scriptura sicut ea que pertinent ad visionem, et lucem, et colores, et specula, et hujusmodi; Scriptura enim pregnans est his. Dicit enim Apostolus: Videmus eum nunc per speculum in enigmate, tunc autem facie ad faciem. Et beatus Jacobus comparat auditorem verbi, qui non est factor, homini consideranti vultum nativitatis sue in speculo. Et audivi hic magistrum in Theologia famosum dicere: quod istud simile attenditur in hoc, quod ymago videtur in speculo, et non res, et ideo statim obliviscitur qualis fuerit, sicut Jacobus dicit; et omnes credunt hoc; sed falsum est hoc. Nam ostendi in hac scientia, quam
fol. 193, v. res ipsa sola | videtur, et non ymago aliqua. Et ideo videmus facie ad faciem, sed non per rectas lineas, sed per reflexas, et reflexio multum debilitat speciem; et ideo obscure et sub enigmate videmus. Non igitur intellexit Apostolus quod videns alium, vel seipsum, in speculo nullo modo videat facie ad faciem, sed quod non per visionem rectam, licet per reflexum videamus

facie ad faciem; et ideo sub enigmate et obscuritate. Enigma enim grece signat obscuritatem latine, et non est ymago, vel species. Sed talia sunt exempla pene innumerabilia in Scriptura, que indigent certa interpretatione per hanc scientiam, sicut ostendi in hac scientia.

† Et postea comparavi hanc scientiam ad rem publicam dirigendam, et ibi majora continentur quam non solum vulgus, sed sapientium multitudo possit assignare. Soli enim sapientissimi possunt hec dare in instrumentis figuratis (1) ad sensum. Nam sic potest una res videri multe, ut unus homo videatur populus, per diversas fractiones speculorum. Sic enim plures Soles et Lune aliquando videbantur simul, sicut Plinius et historie docent. Et sic res possunt veraciter videri; et cum videns erit ad loca visionis, nichil inveniret. Et sic abscondita et occulta possunt investigari et ostendi, et distantia manifestari, et minima apparere maxima, et econverso, et propinquius posita videri cum remotione quam volumus. Et quantumcunque distent res, possunt videri juxta nos. Itaque ex incredibili distantia legeremus literas minutas, et harenas maris numeraremus. Et Solem, et Lunam, et stellas videremus inclinari supra capita nostra. Et sic Sol et Luna possunt videri discurrere per omnes angulos castri, vel domus. Et sic puer appareret gigas, et parvus exercitus videretur magnus, et econverso. Et sic de aliis infinitis mirabilibus, que hic possunt fieri, secundum quod expressi in hac scientia.

† Et hec eadem valent ad conversionem infidelium, et ad reprobationem eorum qui converti non possunt. Nam postquam omnis homo hec a principio non intelligeret, sed oporteret quod crederet ut, exercitatus in hac scientia, horum rationes videret; sic manu duceretur ad divina, ut subdat colla eis, et credat donec sit tritus in illis, et rationem percipiat qua intelligat et sciat. Cum enim videmus quod intellectus noster non

(1) Au lieu de: *figuratis*, le ms. porte: *figurans*.

potest attingere ad veritates creaturarum, que nulle sunt respectu veritatum divinarum, debet homo considerare quod multo magis debet gaudere in credendo divina quam creata, quatinus ex fide facili Deus ipse prebeat intellectum, secundum quod dicitur in Isaia, secundum Septuaginta interpretes: Si non credideritis,
fol. 194, r. non intelligetis. Et hec persuasio de fide fortior est | et melior quam per verbum predicationis, quia plus est quam sermo. Et hec via persuadendi est similis miraculorum operationi. Et ideo potentius est quam verbum. Et similiter patet quod hec valent ad reprobationem eorum qui non possunt converti. Nam quicquid valet ad defensionem rei publice fidelium, valet ad reprobationem infidelium. Omnia enim eorum secreta possent deprehendi, et terrores infiniti possent eis fieri ut minimum non expectarent, sicut patet satis ex istis mirabilibus que tetigi.

De motibus corporum celestium.

Hic in fine perspectivarum volo advertere aliqua de motibus celestibus. Nam non potest fieri certificatio de eis, nisi per visum, mediantibus instrumentis Perspective. Propter quod Ptolomeus, in quinto Perspective, negociatur de celestibus, propter hujusmodi instrumenta. Et in omnibus instrumentis quibus astronomi utuntur in consideratione celestium fit inspectio per visum. Potuissem vero in multis locis hanc distinctionem de celestibus addidisse. Sed quia hii sunt tractatus preambuli, et non principales, ideo pono singula secundum quod mihi occurrunt. Et tamen propter convenientiam Perspective et potestatem ejus respectu celestium, locus optior occurrit. Quoniam etiam omnia que scripsi fere sunt secreta, ideo gratis dissimulavi loca propria multorum, ne forsan, propter viarum pericula, aliquod operum istorum que misi ad manus deveniret alicujus contra meam voluntatem. Que igitur ignorantur a vulgo Latinorum et ejus capitibus in studio hic conscribo. Et tamen non est nisi quedam declaratio opinionum solemnium apud auctores Astronomie et naturalium philosophorum, per viam disputationis efficacis, ad quam omnes sapientes astronomi latini nihil adhuc addiderant; et sunt tres qui hec fideliter congregarant. Nec potest addi quantum oportet, nisi Vestra ordinaverit Celsitudo, quoniam instrumenta desunt Latinis, per que hec certificari debent et compleri; que nullus philosophantium valet consequi his diebus. || Quoniam (1) igitur propter intemperantiam visibilis a || visu accidit error, in omnibus intentionibus a visu comprehensis, sicut ostensum est in precedentibus, non est mirum si in qualitate motuum corporum celestium cognoscenda accidit nobis difficultas et opinionum varietas.

Maz., fol. 121, col. c.
Maz., fol. 121, col. d.

Opinio Ptolomei de duobus motibus principalibus celorum (2).

Ptolomeus, igitur, atque plures ejus sequaces, duos motus celi principales affirmant(3); quorum unus est simpliciter primus, qui movet totum celum ab oriente in occidentem uniformiter super duos polos, qui dicuntur poli mundi; cujus quelibet puncta | describunt circulos ad invicem equidistantes; et punctus in medio describit maximum, qui dicitur equinoctialis, quem (4) describit Sol, secundum sensum, motu predicto, cum equantur dies et nox.

fol. 194, v.

Alius motus est, quo moventur orbes stellarum erraticarum et etiam orbis stellarum fixarum, et est ab occidente ad orientem, contra predictum modum, super

(1) A ce mot: *quoniam* commence la partie du texte que Bacon a reproduite aux *Communia naturalium,* lib. II, pars V, capp. II seqq.

(2) Ce titre est en marge; il n'est pas reproduit au Cod. Maz.

(3) Au lieu de: *affirmant,* le ms. porte: *affirmat.*

(4) Au lieu de: *quem,* le ms. porte: *quoniam.*

duos alios polos, cujus medius punctus inter polos describit circulum qui dicitur cingulus zodiaci; in cujus superficie movetur Sol, hoc secundo motu. Sed alii planete ab eo declinant.

Ad cognitionem autem prioris motus per sensum visus devenerunt per hoc quod videbant omni die omnia in celo visibilia primo oriri, et mediare celum, postea occidere, et hoc secundum circulos visibiliter equinoctiali equidistantes.

Secundum autem motum similiter experimento visuali intellexerunt per hoc quod videbant omnes stellas erraticas, postquam conjuncte fuerint cum stellis fixis non mutantibus (1) situm secundum aspectum, ab eisdem ad orientem saparari, et hoc non secundum arcum circuli equidistantis equinoctiali, ymo, declinantis.

Si autem esset separatio secundum arcum circuli
Maz., fol. 122, col. a. equidistantis, dicit || Ptolomeus quod sufficeret tunc ponere unum motum in omnibus corporibus celestibus, scilicet ad occidentem; ita quod illa separatio ad orientem non esset (2) per motum planetarum, nisi secundum estimationem; ymo esset per majorem velocitatem motus stellarum fixarum; et tunc diceretur arcus separationis proprie incurtatio (3) planete. Sed propter hoc quod cum separatione ad orientem, videmus etiam eos habere motum ad septentrionem et ad meridiem a circulo equinoctiali, affirmat Ptolomeus quod talis separatio fuerit propter hoc quod omnes planete habent motum ad orientem super circulum declivem a circulo equinoctiali.

Et consimilem etiam motum ponit in stellis fixis continuum qui, quamvis in modico tempore imperceptibilis fuerit, tamen in prolixo experimentis instrumentalibus manifestatur.

(1) Au lieu de: *mutantibus,* le ms. porte: *imitantibus.*

(2) Au lieu de: *esset,* le ms. porte: *est.*

(3) Au lieu de: *incurtatio,* le ms. porte: *incurvatio.*

Et cum assertione omnium philosophantium et rationibus innumerabilibus et necessariis pateat omnem motum in celo esse circularem, continuum et regularem, et motus planetarum appareant (1) extra circularitatem, discontinui et irregulares, ut apparentia rationi non contradicat, ymaginatus est Ptolomeus planetas describere circulos quorum centra sunt extra centrum mundi, qui dicuntur ecentrici, et epiciclos, quorum centra sunt in ipsis ecentricis.

Ponit igitur planetam vel centrum epicicli, in quo epiciclo existit planeta, describere ecentricum circularem, continue et regulariter; et planetam etiam eodem modo describere epiciclum; et omnem motum planetarum dictas pro- | prietates participare. fol. 195, r.

Sed quoniam aspectus || noster non exit a centris Maz., fol. 122, col. b.
epiciclorum, nec etiam ecentricorum, ita quod ad ipsos sicut ad objectum terminetur, ymo exit quasi a medio celi ultimi et ad ipsum finitur, in comparatione ad eundem situs planetarum et eorum motus dijudicans, necesse est, cum uniformiter moveantur in suis ecentricis et epiciclis, ut inuniformiter moveri appareant. Et erit possibile ut aliquando videantur moveri ad orientem, aliquando ad occidentem, aliquando velocius, aliquando tardius; et etiam quandoque quiescere a motu alio quam a motu universali primo. Nec est tunc contrarietas apparentie ad rationem, cum non sit uniformis motus respectu (2) ejusdem circuli respectu cujus apparet eorum inuniformitas (3).

De motu Solis. II. (4).

In Sole igitur, quia diversitas in suo motu apparens una est, videlicet quod aliquando apparet velocior, aliquando tardior, sufficit secundum Ptolomeum ponere motum ejus in ecentrico tantum, vel in epiciclo tantum,

---

(1) Au lieu de: *appareant,* le ms. porte: *appareat.*

(2) Le mot: *respectu* est répété deux fois dans le ms.

(3) Au lieu de: *inuniformitas,* le ms. porte: *uniformitas.*

(4) Ce chapitre est le troisième au Cod. Maz.; il n'y est pas numéroté.

cujus centrum moveatur in circulo concentrico. Sed tamen, ut dicit, horum duorum modorum convenientior est primus, propter majorem ejus simplicitatem et facilitatem.

† Diversitatem autem predictam apparentem in motu Solis sic deprehendebat: Experimentis enim instrumentalibus considerando, adinvenit quod Sol movetur per quartam que est ab equinoctio vernali usque ad punctum solstitii estivalis in 94 diebus et medietate diei;

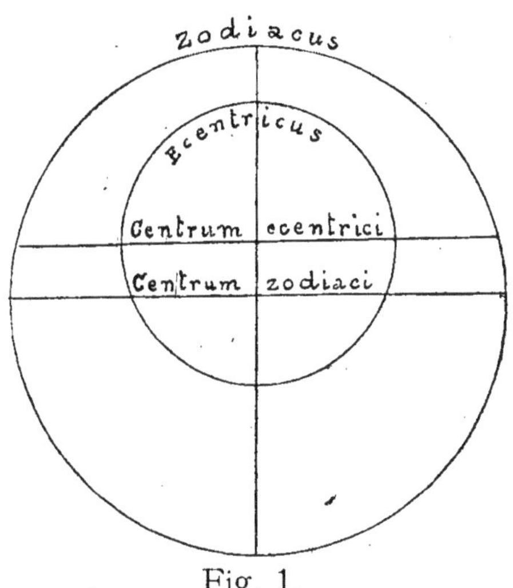

Fig. 1.

et per quartam proxime (1) sequentem, videlicet a dicto
Maz., fol. 122, col. c. solstitio usque ad punctum equinoctii autumnalis, || in 92 diebus et medietate diei; et per duas quartas residuas in residuis diebus anni, scilicet 178 diebus et quarta diei fere; per has tamen quartas, adhuc inequaliter; quoniam per quartam que est ab equalitate autumnali usque ad solstitium hiemale, in 88 diebus et 7 minutis et 30 2^is; et per aliam, in 90 diebus, 7 minutis et 30 2^is fere. Cum igitur hec quarte sint equales (2), et tempora quibus Sol per ipsas movetur inequalia, patet inuni-

(1) Au lieu de: *proxime,* le ms. porte: *proximo.*

(2) Au lieu de: *equales,* le ms. porte: *inequales.*

formitas motus Solis quantum ad zodiacum. Propter hoc igitur ponebat (1), ut dictum est, Solem (2) moveri regulariter in circulo cujus centrum est extra centrum zodiaci, et in medietate cinguli zodiaci, et in illius medietatis quarta cujus tempus est prolixius; et est prima quartarum predictarum. Necesse est enim quod isti medietati zodiaci major arcus medietate ecentrici subtendatur; et ejusdem predicte quarte major arcus quam alicujus aliarum trium quartarum. Quare patet quod inuniformiter (3) moveatur per respectum ad zodiacum, cum arcubus equalibus zodiaci arcus inequales ecentrici subtendantur. Sic igitur per solum ecentricum irregularitatis (4) causam | in motu Solis apparentis assignavit. fol. 195, v.

Demotibus Lune. III. (5).

In Luna autem, et in aliis quinque planetis, propter multiplicem diversitatem in motibus eorum apparentem, ut causam apparentie cum simplici uniformitate assignaret, ymaginatus est in orbibus eorum tam ecentricum, quam epiciclum; ita quod corpus planete movetur || in epiciclo, et centrum epicicli in ecentrico. Maz., fol. 122, col. d.

In Luna igitur ecentricus declinat semper a cingulo zodiaci ad septentrionem et meridiem, secans ipsum per duo media; et est epiciclus semper in superficie ecentrici, nunquam ab ea declinans; et movetur ecentricus totus circa centrum mundi uniformiter ab oriente ad occidentem, ita quod omnia puncta in circumferentia ejus, et etiam ejus centrum, describunt circulos ad invicem parallelos, quorum omnium centrum est centrum mundi.

(1) Au lieu de: *ponebat,* le ms. porte: *ponebant.*

(2) Au lieu de: *Solem,* le ms. porte: *celum.*

(3) Au lieu de: *quod inuniformiter,* le ms. porte: *cum uniformiter.* Le Cod. Maz. porte: *Quare necesse est quod inuniformiter.*

(4) Au lieu de: *irregularitatis,* le ms. porte: *regularitatis.*

(5) Dans le Cod. Maz., ce chapitre se trouve être le quatrième; il n'y est pas numéroté.

Movetur etiam centrum epicicli in eodem ecentrico existente in superficie zodiaci, et hoc parvo motu, ab oriente ad occidentem.

Et proportionantur ita isti tres motus cum motu etiam Solis, quod Sol, secundum medium ejus motum, semper est in medio inter medium locum Lune et punctum ecentrici qui maxime elongatur a centro mundi, quod appellatur longitudo longior, vel aux ecentrici Lune.

Preter dictos autem motus, adhuc imaginatus est Lunam moveri in epiciclo; in parte superiore ab oriente ad occidentem; in inferiori econverso. Hii sunt igitur tres circuli, vel melius duo tantum, et motus quatuor appropriati Lune, secundum Ptolomeum, ad salvandum apparentiam.

De motu Saturni, Jovis et Martis. IIII. (1).

In Saturno, Jove et Marte, imaginatus est duos ecentricos cum epiciclo; qui duo ecentrici sunt in una superficie, declinante semper a cingulo zodiaci, secantes ipsum in duo media. Et in uno illorum movetur centrum epicicli ab oriente ad occidentem, || et vocatur deferens. Sed respectu centri ejus, movetur epiciclus inuniformiter.

Maz., fol. 123, col. a.

Alius autem circulus vocatur equans, quia respectu centri ejus movetur centrum epicicli equaliter. Situantur autem eorum centra, cum centro zodiaci, in una linea recta, centro deferentis existente in medio.

Movetur etiam planeta in epiciclo in parte superiori ab occidente in orientem, et in inferiore econverso.

Non est autem epiciclus in his situatus in superficie ecentrici semper, sicut in Luna; ymo, aliquando est in ipsa, et aliquando ab ea declinat, secando ipsam; nunquam tamen secat ipsam perpendiculariter. Signatis

(3) Le Cod. Maz. ne marque pas ici de chapitre spécial.

igitur duobus punctis in epiciclo, quorum unus maxime distat a centro mundi, qui vocatur aux epicicli, et alius ei oppositus, atque aliis duobus utrinque ab aliis per quartam | distantibus, qui dicuntur longitudines medie epicicli, debemus secundum Ptolomeum imaginari quod totus epiciclus moveatur super diametrum immobilem transeuntem per duas longitudines medias, a septentrione ad meridiem, et econverso, non complendo circulationem. Sed cum aliquantulum declinaverit medietas epicicli, in qua est aux ejus, versus septentrionem, a superficie ecentrici, et alia medietas versus meridiem, incipit moveri [retro] (1) totus epiciclus, videlicet medietas in qua est aux versus meridiem, et alia versus septentrionem, quousque epiciclus fuerit in superficie ecentrici, et ulterius quousque aux fuerit in tanta declinatione ab ecentrico in meridiem in quanta fuit prius ad septentrionem, et ejus oppositio (2) e converso. Deinde revertitur epiciclus ad situm priorem. Itaque cum quilibet punctus epicicli, || preter duas longitudines medias, motu epicicli descripsit portionem circuli sectam per duo media a superficie ecentrici, per eandem portionem revertendo movetur; et semper cum ad utrumlibet ejus terminum pervenerit, iterum quasi reflexive movetur ad alterum. His igitur tribus appropriantur tres circuli et tres motus, ad imaginandum causas apparentium in ipsis.

fol. 196, r.

Maz., fol. 123, col. b.

De motibus Veneris et Mercurii. V. (3).

In Venere et Mercurio similiter ymaginandi sunt duo ecentrici in eadem superficie, et epiciclus. In Venere eodem modo semper sunt dispositi ecentrici quantum ad centrum eorum, sicut in tribus superioribus. Sed in

(1) *Retro* n'est pas dans le ms.

(2) Au lieu de: *oppositio,* le ms. porte: *opposito.*

(3) Ce chapitre occupe également le cinquième rang dans le Cod. Maz.; il n'y est pas numéroté.

Mercurio est dissimilitudo, quoniam deferens ejus totus, sicut deferens Lune, movetur continue ab oriente ad occidentem, circa quoddam punctum quod tantum distat a centro equantis quantum centrum equantis a centro mundi. Unde aliquando idem est centrum ejus cum centro equantis, aliquando distat ab ipso per duplum distantie centri equantis a centro mundi, scilicet cum ipsa tria puncta fuerint in una linea recta. Movetur etiam centrum epicicli a (1) planeta in epiciclo, et etiam epiciclus super longitudines medias in his sicut in aliis tribus. Et propter hoc appropriantur istis duobus duo motus, qui non sunt in aliis: Quorum unus est ecentrici deferentis, secundum latitudinem super diametrum zodiaci, que est eorum sectio communis, per quem aux ejus aliquando declinat a zodiaco ad septentrionem, aliquando ad meridiem; et assimilantur motui predicto epicicli super longitudines medias, cum non sit secun-
Maz., fol. 123, col. c. dum circulum completum, sed quasi reflexivus. || Alius motus est epicicli. Nam preter motum quem habet epiciclus super longitudines medias, movetur consimili motu super diametrum qui transit per augem epicicli et oppositum augis; ita quod quantum ad hunc motum,
fol. 196, v. quilibet punctus epicicli, | preter augem et ejus oppositionem, describit portionem circuli quasi reflexive; quas omnes portiones secat superficies ecentrici per duo media. Unde accidit quod eadem longitudo media aliquando sit in superficie ecentrici, aliquando declinans ad septentrionem, quandoque ad meridiem.

Veneri igitur appropriantur tres circuli et quinque motus.

In Mercurio tres circuli et sex motus, ad salvandum ea que in ipsis apparent.

Sed que sunt apparentia propter que tot circulos, et motus ymaginatus est Ptolomeus in Luna et in quinque aliis predictis, nimis prolixum esset hic declarare;

(1) Au lieu de: *a*, lire: *in ecentrico et;* ces mots sont également omis dans le Cod. Maz.

sed ipsa scire poterit qui Almagesti diligenter inspicere voluerit.

De sententiis aliorum qui imitati sunt Ptolomeum. (1)

Sunt autem Ptolomeum imitati in qualitatibus dictorum motuum Albategni, Thebit et Azarchel, cum aliis pluribus; nisi quod Thebit alium motum quam posuerit Ptolomeus in orbe stellarum fixarum adinvenit. Nam, sicut explanatur in Almagesti, Ptolomeus, per considerationes Abrachis et aliorum qui ipsum precesserunt relatas, putabat motum orbis stellarum fixarum esse continuum et uniformem ab occidente ad orientem super polos zodiaci, in 100 annis per unum gradum fere. Sed Albategni post Ptholomeum inuniformitatem sui motus tam secundum longitudinem quam secundum latitudinem deprehendebat, et quod || non equali veloci- Maz., fol. 123, col. d.
tate secundum successionem signorum procedebat; qualitatem tamen sui motus non invenit. Sed Thebit post ipsum, causam diversitatis conjectans, motum ejus ante et retro super duos circulos parvos super capita Arietis et Libre fixa descriptos, quorum diameter est octo graduum et 37 minutorum, 26 2^{orum}, deprehendit.

Illos autem circulos describunt caput Arietis et caput Libre, que imaginantur in orbe stellato. Et patet, quia cum totus orbis per dictum motum moveatur, quod necesse est stellas aliquando moveri secundum successionem signorum, dum scilicet describitur una medietas duorum circulorum, aliquando contra successionem, dum scilicet describitur alia eorum medietas; primus motus vocatur accessus, secundus recessus.

Et necesse est eandem stellam, vel idem punctum orbis, aliquando declinare ad septentrionem a zodiaco fixo, aliquando ad meridiem, et quandoque sibi conjungi. Et hoc motu secundum Thebit moventur omnes orbes

(1) Le Cod. Maz. marque ici le commencement du sixième chapitre, non numéroté.

inferiores; unde, secundum ipsum, auges omnium planetarum mutant sua loca; quod tamen est contra Ptholomeum quantum ad orbem Solis. Hunc autem motum post Thebit approbavit Azarchel; et ad ipsum tabulas Toleti composuit.

Notanda est sententia Alpetragii, qui nititur reprobare sententias predictorum, et opiniones naturalium stabilire (1). |

fol. 197, r.

Post Ptolomeum et dictos ejus sequaces, Alpetragius, consideratis omnibus in celo secundum Ptolomeum vel Thebit apparentibus, alias radices et qualitates motuum magis nature et rationi concordes, quibus apparentia salvaret, adinvenit, non ponendo ecentricum, nec epiciclum, nec motus in contrarias partes, sed omnes ab oriente ad occidentem, et stellam fixam in orbe solum moveri per motum sui orbis.

Maz., fol. 124, col. a. Ponit igitur in celo || tantum unum motum primum et principalem quem posuit Ptolomeus, et est ab oriente ad occidentem continuus, uniformis et velocissimus super duos polos, qui dicuntur poli mundi. Et cum celum per plures orbes distinguatur, hic motus orbi primo appropriatur, et virtute hujus celi, quam recipit a suo motore, moventur omnes orbes inferiores, et elementa omnia preter terram. Sed quoniam omnis virtus finita a motore, dirivata fortior est propinqua quam remota, et etiam secundum remotionem majorem proportionaliter remittitur (2), et a fortiori virtute major velocitas causatur, necesse est orbes propinquiores orbi primo velocius secundum hunc motum moveri, et remotiores tardius. Et hec est una ejus radix, ex qua quorundam apparentium in celo causas extrahit. Et confirmat hanc radicem per hoc, quod in elementis patet hujusmodi

(1) Le Cod. Maz. marque ici le commencement du septième chapitre, sans le numéroter.

(2) Au lieu de: *remittitur,* le ms. porte: *remititur.*

motus dirivatio. Quoniam in elemento ignis, ut dicit, videmus in crepusculo vespertino corpora incensa similia stellis mota cum motu stellarum, et sequentes ipsas, quousque abscondantur. Per quod ostendit elementum ignis circulari motu virtute predicta deferri.

Elementum etiam aeris affirmat ita moveri, quamvis in ejus motu sit latitatio; et hoc potest esse quia vehementer mobilis est in suis partibus, qui huc illuc inordinate a vento propelluntur; et etiam quia propter sui perspicuitatem est solum medium in visu, et ideo suus motus est visus imperceptibilis, cum non sit corpus aliquod visibile luminosum fixum in ipso, per cujus motus poterimus ratione motum ipsius perpendere.

In aqua autem, dicit motum predictum (1) apparere, scilicet in fluxu maris, licet motus ejus sit incomplete circulationis; hoc autem est propter ejus ponderositatem. Motus igitur ejus ad occidentem, qui appellatur fluxus, est a || virtute predicta que, pro (2) sua debili- Maz., fol. 124, col. b.
tate, cum sit ibi multum remota a sua origine, et etiam propter aque ponderositatem, que inclinat aquam ad motum oppositum, non sufficit ipsam completa circulatione moveri. Et ideo, ante complementum, virtute sue ponderositatis regreditur. Et hic motus dicitur reflexio. Motus | autem aque quem habet a virtute celi fol. 197, v.
tardior est motu aeris, et motus aeris motu ignis. Terra autem, propter sui nimiam ponderositatem et predicte virtutis debilitatem, simpliciter immobilis perseverat.

De alio motu a primo mobili (3).

Preter hunc autem motum primum, qui communis est omnibus corporibus celestibus, appropriatur cuilibet orbi a primo alius motus ad eandem partem, vi-

(1) Dans le ms., le mot: *predictum* est répété deux fois de suite.

(2) Au lieu de: *pro,* le ms. porte: *pre.*

(3) Le Cod. Maz. marque ici le commencement du huitième chapitre, sans le numéroter.

delicet ad occidentem, super alios polos a polis mundi, et etiam adinvicem diversos, quo quidem motu appetunt complere illud quod diminuunt a motu primo; nullus tamen complet totaliter, nisi forte orbis stellatus.

Patet igitur ex his causa cujusdam apparentie in celo, quare scilicet planete videntur separari a stellis fixis, et ab ipsis elongari ad orientem. Et similiter planete inferiores a superioribus. Causa enim est quia orbes propinquiores orbi supremo velocius moventur motu communi quam remotiores. Unde posteriorantur, et incurtant inferiores a superioribus. Arcus igitur separationis non est per motum inferiorum ad orientem, sed per majorem superiorum velocitatem. Quod autem, cum ista incurtatione, fuerit latitudo, seu declinatio ejusdem stelle vel planete ab equinoctiali circulo, postquam sub ipso extiterit, causa est propter motum ejus proprium

Maz., fol. 124, col. c. super || polos alios a polis equinoctialis. Nec ex hac apparitione debemus arguere motum proprium planetarum esse ad orientem super circulum declivem, sicut ponit Ptolomeus, solum sensum, non positionem considerans.

De motu proprio orbis stellati (1).

Orbis igitur stellatus habet motum proprium ad occidentem super polos qui dicuntur zodiaci, qui quidem motus complet penitus aut fere secundum longitudinem illud quo incurtatur a motu primi mobilis. Quod si omnino compleat, tunc quelibet stella in ipso salvat semper suam longitudinem, et incurtantur solum duo ejus poli, quoniam manent (2) immobiles quantum ad motum ejus proprium, et est incurtatio eorum super duos circulos parvos equidistantes equinoctiali, quos quidem circulos describunt per motum primi mobilis.

(1) Le Cod. Maz. marque ici le commencement du neuvième chapitre, non numéroté.

(2) Au lieu de: *manent*, le ms. porte: *monent*

Distantia autem inter polos semper una est. Sed quoniam omnis stella in ipso equaliter distat semper a polis propriis, necesse est, cum super ipsos secundum longitudinem moveatur (1), quod latitudo ejus ab equinoctiali varietur. Ita quod stella que est in ejus medio, describendo cingulum zodiaci, aliquando sit a septentrionis parte ab equinoctiali, aliquando a parte meridiei, secando equinoctialem; et que sunt remote ab ejus medio, aliquando distent plus ab equinoctiali, aliquando minus. | fol. 198, r.

Quare (2) autem motus accessus et recessus apparet in ipso, quem ponit Thebit, hoc modo secundum ipsum declaratur. Cum enim hic orbis moveatur super alios polos a polis mundi, sive equatoris, necesse est quod omnes circuli a stellis descripti super suos polos sint equatori non equidistantes. Cum igitur movetur stella || Maz., fol. 124, col. d. aliqua, ut verbi gratia stella in medio inter polos sui orbis, et compleat portionem sue incurtationis super circulum inclinatum, non erit illud quod ascendit de equatore cum arcu quem (3) pertransit de circulo inclinato, equale semper illi arcui. Sed erit aliquando plus, aliquando minus, secundum diversitatem inclinationis illius arcus; et hoc explanatum est in Almagesti. Si enim accipimus duas quartas circuli inclinati, in quarum medio sint duo puncta sectionum ejus et equatoris, habebunt utreque quarte minores ascensiones de equatore quam ipse fuerint, id est erunt minores quarta. Due autem quarte residue habebunt majores.

Dicit igitur Alpetragius quod quia non consideramus motum stelle respectu circuli inclinati, quia motum ejus super ipsum non sentimus, sed ipsum consideramus respectu equatoris, tunc cum movebitur stellam per primas duas quartas, apparebit ejus incessus ad orientem, ad contrarium scilicet primi motus, quia mi-

(1) Au lieu de: *moveatur,* le ms. porte: *moveantur.*

(2) Au lieu de: *quare,* le Cod. Maz. porte: *qualiter.*

(3) Au lieu de: *quem,* le ms. porte: *quam.*

nus eis ascendit de equatore, et vocatur hec incurtatio accessus. Et dum movebitur ad duas alias quartas, quia plus ipsis ascendit de equinoctiali, apparet quod stella multiplicet suum motum ad occidentem, et addat super motum generalem, et vocatur hec precessio recessus. Quamvis igitur per totum circulum inclinatum uniformiter moveatur, quatuor (1) apparent in una revolutione proprii motus, duo accessus, et duo recessus. Quod autem Ptolomeus ponebat motum hujus orbis continue ad orientem, causa potuit esse, quia considerationes proprie, et etiam Abrachis et Timocharidis, ad quas suas referebat, erant tempore accessus.

Utrum autem motus proprius huic celo, per quem movetur ad complendum incurtationem ejus a motu primo, fuerit || sue incurtationi equalis, dubium fuit apud Alpetragium; quoniam apparere poterit, ut dicit, quod aliquantulum a complemento deficiat. Ita quod appareat ei in magno tempore motus secundum longitudinem quem posuit Ptolomeus, quamvis non tante quantitatis; poterit, inquam, apparere per effectus apparentes in hiis inferioribus, quia in ipsis videmus mutationes magnas absque reversione, ut est mutatio in pluribus partibus terre de populatione ad non populationem, et in aliis econverso; ut mutatio aquarum maris, tegentium partes terre, postquam erat earum detectio, et | econverso de aliis partibus; et similiter de aere sanativo ad aerem corruptivum in quibusdam locis, et econverso in aliis. Et (2) cum hec mutationes fuerint sine reversione, non possunt causari, ut videtur, nisi a predicta mutatione celi stellati. Quoniam si a virtute alicujus planete, reverterentur cum reversione motus ejus consimilis, et ita redirent infra 84 annos solares. Et si a mutatione celi stellati super polos proprios, si fuerit equalis motui quem ponit Thebit super circulos parvos, rediret in 4181 annis

Maz., fol. 125, col. a. — fol. 198, v.

(1) Au lieu de: *quatuor*, le ms. porte: *et*.
(2) Au lieu de: *Et*, le ms. porte: *Ut*.

lunaribus, et medietate fere (1). Hoc igitur modo imaginatus est Alpetragius causas apparentium in celo stellato.

† In orbibus vero planetarum, preter motum communem ponit duos motus alios; unum quo moventur super polos proprios, alios a polis mundi, ad occidentem, quo appetunt complere illud quo incurtantur a motu primi orbis, que quidem incurtatio dicitur incurtatio prima; nullus tamen illorum complet; ymo, a complemento sensibiliter deficit. Et || iste defectus dicitur incurtatio postrema, et vocatur secundum Ptolomeum motus planete secundum longitudinem. Maz., fol. 125, col. b.

Est autem et cujuslibet eorum alius motus, qui est per mutationem suorum polorum super circulum parvum, cujus polus in aliis planetis a Sole semper est in circulo per quem transit, motu primi mobilis, polus celi stellati. In Sole autem est ipsum contingens. Ponit et omnes planetas, preter Venerem et Mercurium, situatos (2) esse in medio sui orbis inter proprios polos.

Venus autem, secundum ipsum, situatur semper ad septentrionem a suo medio, unde apparet semper septentrionalis.

Mercurius vero magis ad meridiem, et ideo semper apparet meridionalis.

† Ex his igitur, tanquam ex radicibus, extrahit causas omnium apparentium in ipsis, videlicet retrogradationis, stationis, directionis, majoris et minoris velocitatis ejusdem planete, et diversitatis apparentis in eorum latitudinibus, et secundum latitudinem motibus. Quod hic declarare esset librum suum recitare. Qui igitur horum scientiam habere desiderat, librum suum diligenter inspiciat.

(1) Le Cod. Maz. fait commencer ici le dixième chapitre, non numéroté.

(2) Au lieu de: *situatos*, le ms. porte: *situantes*; le Cod. Maz. porte: *situatos*.

Notande sunt optime contradictiones istarum opinionum, et primo de opinione Ptolomei quantum ad motus duos principales (1).

Visis opinionibus, tam Ptolomei quam Alpetragii, predictis de qualitatibus motuum corporum celestium, restat videre quedam dubia utrinque circumstantia.

Primo igitur dubitatur de opinione Ptolomei. Et primo: Utrum sint duo motus in ipsis principales, ut ipse ponit; quorum unus fuerit ab oriente ad occidentem, et alius econverso. Et videtur primo quod non
fol. 199, r. sint duo primi; | quia in omni genere est unum primum
Maz., fol. 125, col. c. simpli- || cissimum, ad quod cetera illius generis causaliter ordinantur; quare et in genere motus. Et hoc ostendit Aristotiles in 8 phisicorum. Si dicat quod non est intentio Ptolomei quod sint eque primi; ymo, sicut patet ex verbis suis, motus ab oriente ad occidentem est simpliciter primus, et alius est eo posterior.

Contra hoc est quod motus ad orientem ad motum ad occidentem, cum sint ad diversas partes, ordinem non videtur (2) habere.

Item, si sint tales duo motus primi, sicut motus ad occidentem uni corpori appropriatur, et per ejus virtutem aliis communicatur, similiter necesse est ponere de motu ad orientem, si sit primus. Non enim dicitur ejus primitas propter universalitatem ejus logicam, cum de tali non consideret nec curet mathematicus. Si autem sit (3) corpus cui motus ad orientem appropriatur, et orbes alii inferiores per ejus virtutem ad illam partem incedant, necesse est omnes orbes inferiores super eosdem polos illo motu moveri. Sed omnes sunt super di-

(1) Le Cod. Maz. marque ici le commencement du onzième chapitre, non numéroté.

(2) Au lieu de: *videtur*, le ms. porte: *videntur*.

(3) Au lieu de: *sit*, le ms. porte: *si*.

versos, et non sunt super polos zodiaci, nisi motus Solis, et octave spere secundum Ptolomeum.

Item, si esset alicui orbi appropriatus, videtur quod orbi stellarum fixarum, vel alii superiori. Sed non potest appropriari orbi stellarum fixarum, quia omnis motus velocior est in illo corpore, cui primitus inest, quam [in] (1) alio. Sed motus stellarum fixarum ad orientem est tardior.

Et iterum: Corpora propinquiora illi cui primo inest debent velocius moveri, et remotiora tardius, sicut docet Alpetragius, et ratio cujusque approbat. Sed econverso est de orbibus planetarum. Et hac eadem ratione || videtur, quod non appropriatur alicui orbi supra stel- Max., fol. 125, col. d.
latum (2).

Item, contra hoc quod ponit motus dictos ad diversas partes, arguit Alpetragius per unitatem motoris celi, a quo non possunt causari motus contrarii, sed tantum unus motus ad unam partem.

Item arguit sic:

Celum est corpus simplex, et partium non contrariarum (3) in natura, sed similium inter se et ad naturam totius. Sed totum celum, ut patet, movetur ab oriente ad occidentem, quasi a dextro ad sinistrum. Quare omnes sue partes similiter movebuntur.

† Quod autem maxime facit credere motus non esse ad diversas partes est, ut videtur, hoc: Quod omnia apparentia in celo possunt salvari si (4) ponamus ipsos esse ad eandem partem, sicut ad diversos; et melius est ponere in omnibus naturalibus simplicitatem et unitatem, quam compositionem et pluralitatem, ubi nec sensus, nec ratio ejus simplicitati contrariatur.

Adhuc arguunt quidam quod non sit motus in celo ad contrarias partes ratione | sophistica, sed apud fol. 199, v.

(1) *In* n'est pas dans le ms.

(2) Au lieu de: *stellatum,* le ms. porte: *stellato.*

(3) Au lieu de: *contrariarum,* le ms. porte: *contrarium.*

(4) Au lieu de: *si,* le ms. porte: *sed.*

eos difficili, sic: Si moveatur orbis aliquis inferior primo ad orientem, et per motum primum ad occidentem, erunt isti motus adversis virtutibus. Iste igitur virtutes aut sunt equales, aut inequales. Si equales, tunc motus ad utramque partem erunt equales, et ita aut quiescet, aut erit simul in duobus locis. Si inequales, tunc movebitur secundum motum fortioris virtutis, quamvis minus velociter, et ita ad unam partem tantum.

Vel potest sic argui:

Si simul moveatur ad contrarias partes, tunc simul erit (1) in terminis diversorum spaciorum super que fit motus, et ita simul in diversis locis.

Ad oppositum arguit Ptolomeus per apparentem separationem planetarum a stellis fixis ad orientem, cum
Maz., fol. 126, col. a. diversitate declinationis eorumdem || ab equatore.

Item, vult Aristotiles, libro Celi et Mundi, quod celum movetur a dextro in sinistrum, et quod dextrum primi orbis est oriens, et ejus sinistrum est occidens. Et in orbibus inferioribus est econverso.

Item, si motus planetarum proprius esset ad occidentem, tunc cum Sol vel alius planeta fuerit sub principio Arietis, movebitur versus signum Piscium, et incipiet declinare versus meridiem ab equinoctiali.

Et cum fuerit in principio Libre, incipiet declinare versus septentrionem, movendo per signum Virginis. Et horum contrarium apparet manifeste.

Et iterum: Nec erit Sol, ut videtur, semper in superficie cinguli Zodiaci. Quoniam si ponamus Solem existere sub principio Arietis, quod vocatur A, et in linea meridionali, tunc, post completam revolutionem ipsius A motu diurno ad idem punctum circuli meridionalis, incurtabitur Sol a puncto A ad orientem. Et quia omnia signa orientalia a meridie sunt in hoc situ septentrionalia ab equinoctiali, et Sol fuerit, ut ostensum est, me-

(1) Au lieu de: *erit*, le ms. porte: *erunt*.

ridionalis orientalis, necesse est, ut videtur, Solem declinare a Zodiaco.

Probabilius (1) est opinari quod unus sit motus primus, et quod omnes sint in eandem partem, quoniam huic magis concordat ratio, sensu non contradicente.

Et patet ex predictis qualiter Ptolomeus, ponens contrarium, solum sensum imitando, decipiebatur.

Et quod dicit Aristotiles de diversitate partium ad quas est motus primi mobilis et planetarum, aut est falsum, aut intelligendum est secundum apparentiam, vel secundum opinionem communem astronomorum sui temporis, qui, similiter ut Ptolomeus, sensualem apparentiam solum considerabant.

† Quod autem post (2) arguitur, quamvis insolubile quibusdam videatur, tamen bene ymaginanti facilis est || dissolutio. Nam ratio incurtationis solvit eam, et motus compositio. Oportet enim ponere incurtationem utriusque motus, tam recti quam declivis, et erit motus compositus, et non | simplex, ut nec arcus zodiaci nec equinoctialis describatur incurtatione; sed ratio procedit ac si essent motus simplices et divisi. Quia si hoc, tunc in principio revolutionis, Sole existente in primo gradu Arietis, declinaret ad ultimum (3) gradum Piscium, et non ad secundum Arietis. Sed nunc non est hic motus simplex, sed est unus motus compositus, qui habet unam incurtationem compositam, ut in fine motus non redeat ad locum in quo fuit in principio motus, sed retro remaneat.

Maz., fol. 126, col. b.

fol. 200, r.

Et quamvis hec pars questionis sit probabilior, tamen non omnes rationes ad ipsam prius inducte de ipsa fidem faciunt, sicut patet de rationibus Alpetragii. Non enim sunt omnes motus in corpore celesti ab uno motore numero, sed a pluribus voluntarie moventibus.

(1) Le Cod. Maz. marque ici le commencement du douzième chapitre, numéroté par exception et erronément: Ca[m] XI[m].

(2) Au lieu de: *post*, le Cod. Maz. porte: *Ptolomeus.*

(3) Au lieu de: *ultimum*, le ms. porte: *primum.*

Ostendit enim Aristotiles XI° methaphisice numerum motorum per numerum motuum. Et etiam sicut unus motor non movet motibus pluribus ad partes diversas, similiter nec ad eandem partem super diversos polos, ut videtur. Ab uno enim motore, sicut dicit, causatur unus motus.

Motus autem distinguitur secundum diversitatem polorum.

Et iterum supponit quod motus circulares sunt contrarii, cujus contrarium ostendit Aristotiles; et patet maxime quod non sint contrarii si fuerint super diversos polos.

Ratio sequens probabilis est.

Ultima non concludit, quoniam eadem ratio possit esse equevalens, quod non sunt motus simul ejusdem corporis in eandem partem (1). Ita enim accidet, ut videtur, ipsum mobile aut quiescere, aut moveri tantum uno motu, aut simul esse in diversis locis.

Sciendum igitur quod cum dicimus corpora celestia vel aliquid mobile hic inferius moveri simul pluribus motibus, aut falsum dicimus, aut intelligendus est sermo referendo ad plures ejusdem motores, scilicet, si discrete et separatim (2) moverent. Cum enim una virtus composita ex virtutibus plurium motorum recipitur in mobili, neque movetur mobile motu causato ab uno motore, nec ab alio, sed motu quodam ab eis diverso, et quasi composito. Unde non est corpus celeste, preter primum orbem, quod moveatur circulariter, nisi dicto modo intelligatur, cum omnia a pluribus motoribus super polos diversos moveantur; ymo omnes planete et stelle fixe describunt spiras, non circulum, cujusmodi descriptam figuram vocant Arabes *leuleb* (3).

---

(1) Le Cod. Maz. ajoute: *super diversos polos;* la col. c. du fol. 126 commence au mot: *diversos.*

(2) Au lieu de: *separatim,* le ms. porte: *separati.*

(3) Au lieu de: *leuleb,* le Cod. Maz. porte: *lealeth;* ces deux noms étaient usités par les Arabes pour désigner l'*hippopède* d'Eudoxe.

Si igitur recipiantur in mobili aliquo diverse virtutes motive super unam lineam rectam, vel super eumdem circulum, in contrarias partes, et fuerint equales, non movebitur, sed quiescet.

Si inequales, movebitur ad partem illam ad quam motiva est virtus fortior, tardius tamen quam si sola moveret.

Si autem sint motive super diversas lineas rectas, vel diversos circulos, | sive virtutes moventes sint equales, sive inequales, sive ad eandem partem motive, sive ad diversas, non quiescet mobile, sed movebitur uno motu composito, ut dictum est; et ille motus diversificabitur secundum pluralitatem motorum, et eorum diversitatem in debilitate et fortitudine, et secundum diversitatem parcium ad quas sunt motive. fol. 200, v.

† Patet || igitur solutio illius rationis. Maz., fol. 126, col. d.

De ecentricis et epiciclis ac motibus planetarum (1).

Consequenter queritur de circulis et motibus quos ponit Ptolomeus in orbibus planetarum, videlicet de ecentricis et epiciclis, atque ipsorum et in ipsis planetarum motibus.

† Primo igitur supponamus planetam non moveri per se, sed solum per motum sui orbis. Aliter enim accideret corpus celi esse divisibile, vel duo corpora esse in eodem loco, vel vacuum esse. Aliis etiam rationibus ostendit hoc Aristotiles in libro Celi et Mundi. Si igitur planete describant ecentricos, vel epiciclos, necesse est ponere istos circulos in aliquo corpore, per cujus motum planeta moveatur. Non enim describuntur circuli tales, nisi a centro planete; et centrum non movetur, nisi per motum corporis cujus est; et corpus planete non movetur, ut prius ostensum est, nisi per motum sui orbis. Si igitur ponamus circulum ecentricum ab

(1) Ce Chapitre est le treizième du Cod. Maz.

aliquo planetarum descriptum, necesse est ponere orbem ecentricum, per cujus motus describatur ecentricus a centro. Et similiter necesse est ponere epiciclum circulum alicujus corporis rotundi, in quo figatur planeta, per cujus motum circa centrum proprium moveatur planeta, describendo circulum qui dicitur epiciclus.

† Sed hujusmodi corpora ponere est impossibile; quare impossibilis est positio ecentricorum vel epiciclorum.

† Quod autem impossibile sit ponere orbem ecentricum alicujus planete, videtur per hoc, quod tunc necesse est corpus celi esse divisibile, vel duo corpora esse in eodem loco, vel vacuum esse. Consequentia apparet per hoc quod orbis ecentricus habet ejus aliquam partem maxime elongatam a Terra, et ei oppositam maxime approximatam. Et similiter necesse est in orbe ipsum continente, quoniam necesse est superficiem con-
Maz., fol. 127, col. a. vexam ‖ corporis contenti et concavam continentis simul esse, nisi inter orbes fuerit vacuum, aut corpus alterius nature. Cum igitur movetur orbis ecentricus totus, aut necesse est quod orbis continens equali velocitate moveatur, quod nullus ponit, visu testante contrarium; aut oportet quod longitudo ejus longior, cuicunque parti orbis continentis supponatur, impellat partem orbis continentis sibi suprapositam a suo loco, dividendo celum; aut quod simul recipiatur cum ipsa; et in parte opposita, necesse est relinqui vacuum, vel celum rarefieri, adimplendo spacium inter longitudinem propiorem orbis contenti et corpus continens.

† Sed hec ratio, ut videtur, de facili solvitur, si
fol. 201, r. ymaginemur orbem ecentricum moveri circa | centrum proprium, et non circa centrum mundi. Non enim accidunt dicta inconvenientia nisi ponamus totum orbem et etiam imaginabiliter centrum ejus moveri circa centrum mundi, ita quod longitudo ejus longior sit semper in eadem distantia ab ipso, et similiter longitudo propior, et quicunque punctus in ipso signatus; et ita, cum non

omnes partes continentis sic equaliter distent, necesse est (1) sequi unum dictorum impossibilium. Si autem moveatur circa centrum proprium, cum idem fuerit centrum corporis continentis, patet quod in suo motu nullum accidet dictorum inconvenientium, quia tam longitudo longior, quam propior, et omnes alie partes orbis contenti sunt in eadem distantia a centro proprio, et similiter est de omnibus partibus continentis. Et istum motum ecentrici ponunt mathematici, quoniam sic accidit apparens inuniformitas in motu planete talis orbis, cum tamen in ipso simpliciter uniformitas || fuerit (2). Maz., fol. 127, col. b.

† Quod autem hec responsio non sufficienter doceat inconvenientia predicta vitare, specialius ac difficilius arguendo sic declaratur:

† Cum omnis orbis celestis duplici superficie sperica terminetur, concava et convexa, si fuerit ecentricus, aut hoc erit quantum ad superficiem concavam tantum, aut conversam tantum, aut propter utriusque ecentricitatem. Et cum totius corporis celestis fuerint superficies concava et convexa concentrice, quarum centrum est centrum mundi, necesse est quod si fuerit orbis habens utramque superficiem ecentricam, neque sit supremus, ut orbis supra-stellatus, neque infimus, ut orbis Lune, sed intermedius tantum. Si autem fuerit ecentricus quantum ad concavitatem tantum, non poterit esse infimus, sed quicunque alius. Si quantum ad convexitatem tantum, non poterit esse supremus, sed vel infimus, vel intermedius. Quod igitur non sit orbis cujus convexitas sit ecentrica, sic (3) videtur: Quia si esset tale, ut verbi gratia orbis Lune, non posset moveri, quin aliquod dictorum inconvenientium, vel aliud, sequeretur; quoniam aut moveretur circa centrum convexitatis, aut circa centrum mundi. [Si circa centrum

(1) Au lieu de: *est*, le ms. porte: *esse*.
(2) Le Cod. Maz. ajoute ces mots: *ut explanatum est prius*.
(3) Au lieu de: *sic*, le ms. porte: *nec*.

mundi,] (1) procedit ratio prius posita; et hoc concessum fuit in responsione. Si circa centrum convexitatis, cum ab eo quedam ejus partes quantum ad earum continuitatem magis elongentur, et quedam minus, necesse est partes minus elongatas expellere partes corporis infra ipsum contenti a suis locis, vel duo corpora esse in eodem loco; et inter partes magis elongatas et partes corporis
Maz., fol. 127, col. c. contenti [derelinqui vacuum || vel] (2) partes corporis contenti moveri ad implendum (3) spacium inter eas inclusum. Et ita accidet aliquando corpus elementare, scilicet ignem contentum ab orbe Lune, moveri superius ad replendum
fol. 201, v. locum in quo fuit | corpus celeste, et erit corpus celeste loco corporis elementaris post expulsionem ejus a loco suo.

Accidet etiam ex motu ejus circa centrum convexitatis superficiem concavam totius celi non esse semper concentricam; quoniam centrum mundi unicum est et immobile; sed, in dicto motu, oportet centrum concavitatis super circulum parvum mutari, cujus centrum est centrum superficiei ecentrice, et cujus semidiameter est distantia inter centrum ecentrice et centrum mundi; et accidet in una circulatione superficiem concavam semel esse concentricam, quia semel accidet ejus centrum cum centro mundi conjungi.

Quod autem ostensum est jam de orbe infimo, scilicet de orbe Lune, per prehabita potest ostendi de orbibus intermediis. Si enim comparemus ipsos ad orbes superiores, patet propter dicta inconvenientia quod non possunt moveri circa centrum mundi. Et propter eadem (4) etiam patet quod non possunt moveri circa

(1) Les mots entre [] ont été omis dans le ms.; ils se trouvent dans le Cod. Maz.

(2) Les mots entre [] sont omis dans le ms.; ils existent dans le Cod. Maz.

(3) Au lieu de: *moveri ad implendum*, le Cod. Maz. parte: *adimplerent*.

(4) Au lieu de: *eadem*, le ms. porte: *eandem*.

centrum convexitatis, si referamus eos ad orbes inferiores. Nec possunt circa aliud centrum moveri, quoniam quocunque dato, utralibet comparatione facta, accident impossibilia predicta. Nec possunt hec impossibilia vitari, nisi ponamus quod hujusmodi orbes moveantur circa centrum mundi, et quod partes orbis contenti et continentis [sint](1) equali distantia a centro mundi, quantum scilicet [ad convexitatem continentis et concavitatem contenti; quantum vero](2) ad convexitatem contenti et concavitatem continentis, sint secundum superficies simul entes in tota ratione contenti. Sed tunc accidet illos orbes equali || velocitate moveri, etiam eisdem motibus, cujus contrarium comprobat fides oculator. Maz., fol. 127, col. d.

Et etiam tunc frustra ponerentur ecentrici. Non enim ponit eos Ptolomeus, et alii astronomi, nisi propter motum planete vel epicicli circa eorum centrum, qui non potest esse, nisi per motum orbis, ut prius patuit.

Ex his igitur videtur quod non est ponere orbem ecentricum quantum ad convexitatem tantum. Quod etiam non sit orbis ecentricus quantum (3) ad concavitatem tantum, manifestum erit per dicta consideranti. Si enim fuerit hujusmodi orbis supremus, et moveatur circa centrum concavitatis, oportet esse vacum locum extra celum, quo pars maxime secundum suum convexum distans a centro concavitatis recipiatur. Si autem fuerit ejus motus circa centrum mundi, sive convexitatis, patet ex predictis, comparando ipsum ad orbem inferiorem ab ipso contentum, quia accidet orbem inferiorem a superiore dividi, vel simul [eodem] (4) loco

(1) Le mot entre [] n'est pas dans le ms.

(2) Les mots entre [] ne sont pas dans le ms. — Les deux omissions que nous venons de signaler se remarquent aussi dans le Cod. Maz.

(3) Au lieu de : *quantum*, le ms. porte : *quoniam*.

(4) *Eodem* est omis dans le ms.

quantum ad eorum aliquas partes recipi, et etiam aut vacuum esse, aut corpus celo esse rarefactibile.

fol. 202, r. Deinde quod non sit orbis intermedius habens utramque sui superficiem ecentricam, | sic ostenditur: Quoniam autem erit utrique unum centrum aut diversum. Si diversum, patet ex dictis quod ipsum erit immobile, aut ex motu ejus acciderint (1) dicta inconvenientia. Si idem, poterit tunc [circa] (2) illud centrum moveri; et quamvis ex tali motu inconveniens non accidat, tamen ecentricitatem ejus sequuntur impossibilia. Cum enim ejus centrum fuerit etiam centrum convexitatis orbis ab ipso contenti et concavitatis continentis (hoc enim de necessario oportet, ut patet), queratur de concavitate contenti et convexitate continentis, utrum ipsarum fuerit illud centrum. Si sic, adhuc simile queratur de proximo orbe inferiori et proximo superiori.
Maz., fol. 128, col. a. Et necesse est stare || ad aliquem orbem superiorem, quia ad minus ad supremum, cujus convexitas fuerit concentrica, nam oportet quod convexitas totius celi sit concentrica; et etiam ad orbem inferiorem, quia ad minus ad infimum, cujus concavitas sit concentrica et convexitas ecentrica, nam oportet quod convexitas totius celi sit concentrica, et similiter concavitas, ut prius dictum est. Et ideo superficies convexa ultimi celi erit concentrica, ad minus; sed ejus concavitas erit, secundum hanc positionem, ecentrica; et similiter, secundum veritatem, erit concava superficies celi infimi [concentrica] (3), sed ejus convexitas, secundum hanc positionem, ecentrica. Hec de facili patent si ponamus tantum tres, quorum medius, secundum hanc opinionem,

(1) Au lieu de: *acciderint,* le ms. porte: *acciderit.*

(2) *Circa* est omis dans le ms.

(3) Au lieu du mot: *concentrica,* que le sens exige ici, le ms. porte: *cum superiori sibi;* on pourrait, pour interpréter ces mots, supposer que le membre de phrase suivant se terminait ainsi: *secundum hanc positionem ecentrica, et cum superiori sibi, concentrica,* et que les mots ont été les uns permutés, les autres oubliés par le copiste.

sit ecentricus in concavo et convexo; nam tunc superficies concava supremi celi erit ecentrica, et convexum infimi celi similiter, quia centrum medii celi habebunt. Sed nunc predicta pertractanti patebunt incovenientia memorata.

Est etiam contra Ptolomeum et alios positores ecentricorum quod plures orbes ecentrici idem centrum habeant, cum quilibet, secundum ipsum, habet centrum appropriatum.

[De quadam ymaginatione modernorum] (1).

Hec igitur considerantibus videbitur quod non sit ponere orbem ecentricum. Et antequam arguatur contra positionem corporum epiciclorum, videndum de quadam ymaginatione modernorum, qua nituntur dicta inconvenientia vitare et (2) apparentia salvare per ecentricos et epiciclos.

† Ymaginantur autem unumquemque orbem planetarum dividi in tres orbes partiales; et est totius orbis tam superficies convexa quam concava concentrica; inter quas superficies imaginantur unam ejus partem superficiebus spericis equidistantibus et ecentricis (3); et cum necesse fuerit utramque partium extremarum superficiebus non equidistantibus terminari, et ita in suis partibus secundum spissitudinem non equaliter dimensionari, oportet | semper maximam spissitudinem [infime fol. 202, v.
minime] (4) supreme directe supponi et, e converso, minimam infime maxime supreme, ut non accidat inter

(1) Ce titre n'est pas dans le ms., mais le mot: *Hec* commence par une grande capitale, peinte en rouge, qui marque le début d'un nouveau chapitre; le Cod. Maz. marque également ici le début de son quatorzième chapitre, non numéroté.

(2) Avant le mot: *apparentia,* le ms. porte le mot: *per.*

(3) Le Cod. Maz. ajoute ces mots: *et hec ejus pars vocatur orbis planete ecentricus.*

(4) Les mots: *infime minime* ne sont pas dans le ms.

illas partes vacuum, nec corpus alterius nature, nec accidet ex motu alicujus sue partis, hoc situ non mutato, duorum corporum simultas localis, nec corporis celes-
Maz., fol. 128, col. b. tis || divisibilitas. Ponunt igitur partem mediam, sive (1) orbem ecentricum, moveri circa centrum proprium, ex cujus motu non mutabitur situs predictus.

† Et hic ecentricus sufficit ad salvandum apparentiam in Sole, si ponimus Solem figi in ipso, ita quod non excedat extremitas (2) ejus, et ad motum ejus moveri, ut patet in figura subscripta.

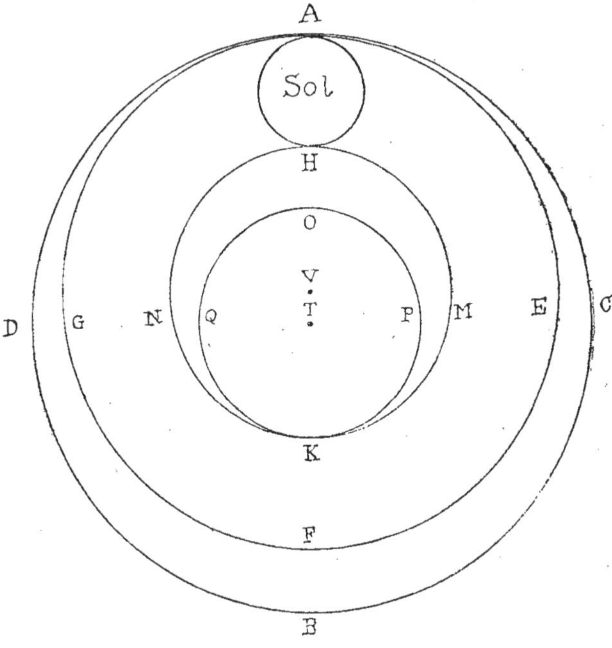

Fig. 2 (3).

† Nam ponatur pes circini in centro mundi quod sit T et describatur totus orbis Solis, cujus convexitas

(1) Au lieu de: *sive*, le ms. porte: *secundum*.

(2) Au lieu de: *extremitas*, le Cod. Maz. porte: *extremitates*. Ce qui, dans le ms., suit le mot: *extremitas* n'est pas reproduit dans le Cod. Maz.

(3) Cette figure est reportée, dans le ms., au fol. 203, r°.

primo describatur, et sit A C B D. Deinde super idem centrum describatur concavitas orbis Solis, in qua continetur spera Veneris, et sit O Q K P. Totus igitur orbis seu spera Solis continetur infra A C B D convexitatem ipsius orbis et supra (1) O Q K P ejus concavitatem, ita quod totum plenum est a convexitate usque ad concavitatem, in cujus concavitate spera Veneris continetur. Et utraque, scilicet tam concavitas quam convexitas, describitur super idem centrum, scilicet T, quod est centrum mundi. Unde hic orbis totalis in concavo et convexo est mundo concentricus (2). Sed hec spera totalis distinguitur in tres orbes partiales. Unus continetur inter lineam A C B D et inter lineam A E F G, cujus pars inferior est (3) spissior et latior versus B, et [superior est] (4) strictior versus A, ut patet ad visum. Et hoc corpus est pars superior totius orbis, et exterior. Alius orbis partialis, scilicet infimus, continetur inter lineam H N K M et inter lineam O Q K P, cujus pars superior est latior et spissior versus H, et inferior est strictior versus K. Et iste due partes sunt irregularis figure. Tertia pars, que est media inter dictas, que includitur per A G F E et per H N K M, est regulariter descripta super centrum V, et est ecentrica mundo et toti orbi Solis; et hec pars vocatur orbis ecentricus Solis, scilicet corpus quoddam ecentricum circulare, quod describitur ponendo pedem circini in centro V, alio a centro mundi; et extenditur alius pes usque ad convexitatem orbis totius, scilicet usque ad A punctum, et completur circumferentia A G F E. Deinde, super idem centrum coartatur circinus usque [ad] (5) concavitatem totius orbis, scilicet usque ad punctum K, et completur circumferentia H M K N;

(1) Au lieu de: *supra*, le ms. porte: *inter*.

(2) Au lieu de: *concentricus*, le ms. porte: *concentritus*.

(3) Au lieu: *Inferior est spissior et latior*, le ms. porte: *Spissior et latior est inferior*.

(4) Les mots entre [] ne sont pas dans le ms.

(5) *Ad* est omis dans le ms.

et orbis inclusus inter istas duas circumferentias est ecentricus orbis Solis; cujus aux, id est pars superior, fol. 103, r. est A, et oppositum augis, | id est pars inferior, est F. Et hoc corpus circulare volvitur in circuitu sui centri in concavitate partis supreme totius orbis, et super convexitatem partis infime ejusdem orbis. Et ponitur concavitas quedam in parte illa in qua debet collocari corpus Solis. Unde Sol est quoddam corpus spericum collocatum in hoc ecentrico, diversum (1) in natura a partibus orbis ecentrici, et undique contingens orbem illum; et ejus dyameter secat totam spissitudinem orbis ecentrici, ut patet in figura. Et movetur secundum motum orbis ecentrici.

Et sic est ymaginatio de his que ad Solem pertinent, qui epiciclum non requirit, sed solum ecentricum exposcit (2).

fol. 203, v.

[De corpusculo epiciclo] (3).

Sed (4) in aliis planetis in quibus ponuntur ecentrici et epicicli, imaginandum est in hujusmodi orbe ecentrico quoddam corpusculum infigi, habens solam convexitatem, non concavitatem, ut cum situetur secundum ejus medium, seu centrum, in medio spissitudinis orbis, ipsum non excedat. In hoc autem corpusculo ponunt planetam situari et moveri secundum motum istius epicicli (5). Nam ponunt epiciclum totum ferri circa

(1) Au lieu de: *diversum,* le ms. porte: *divisum.*

(2) Ici se place, dans le ms., la fig. 2.

(3) Ce titre n'est pas dans le ms., mais le mot *Sed* commence par une grande capitale peinte en rouge.

(4) A partir des mots: *In aliis planetis,* le Cod. Maz. reproduit de nouveau le texte du ms.

(5) Au Cod. Maz., cette phrase est remplacée par le développement suivant: *In hoc autem corpusculo ponamus planetam situari ita quod eorum convexitates se invicem tangant. Hoc igitur corpusculum movetur circa centrum proprium continue deferendo planetam; per cujus motum describit planeta circu-*

suum centrum continue, deferens secum planetam. Movetur etiam epiciclus per motum ecentrici deferentis, sicut Sol moveretur per delationem sui ecentrici.

† Sit igitur exemplum de Luna pro orbibus qui habent epiciclos vel ecentricos. Et sit totus orbis Lune,

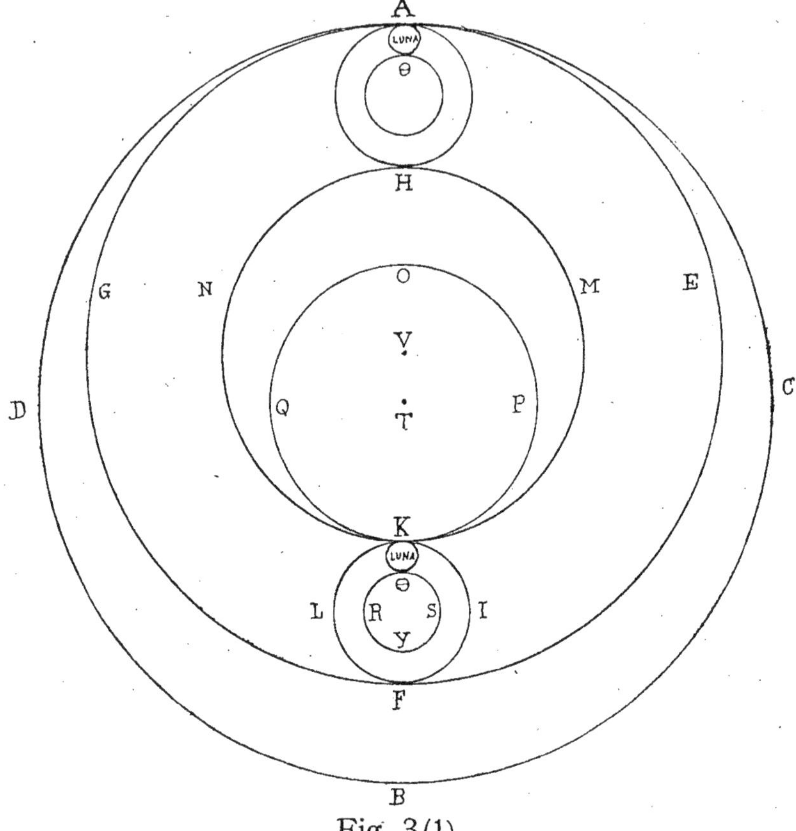

Fig. 3(1).

cujus centrum est centrum mundi, quod est T. Unde figatur pes circini immobilis in hoc centro, et descri-

lum quod vocamus epiciclum; movetur etiam per motus orbis ecentrici, quo motu describit hujus centrum circulum qui dicitur ecentricus deferens.

Ce qui suit dans le ms., à partir des mots: *Nam ponunt epiciclum,* n'est pas reproduit dans le Cod. Maz.

(1) La figure occupe tout le verso du fol. 204.

batur primo convexitas orbis, scilicet A B C D. Deinde, super idem centrum, coartetur circinus, et describatur concavitas totius orbis Lune, in qua continetur spera ignis, et sit O Q K P; et sic orbis totalis continetur inter A B C D et inter O Q K P, plenus natura celi que facit orbem seu speram totalem Lune. Hic autem orbis totalis habet tres partes, sicut dictum est de orbe Solis. Nam ponetur pes circini in alio puncto a centro mundi, sit ergo V, versus augem orbis; et extendatur pes alius usque ad convexitatem totius orbis, scilicet usque ad A punctum, et fiat circumferentia A G F E; deinde, super idem centrum V posito uno pede circini, alius extendatur usque ad concavitatem totius orbis, scilicet usque ad K punctum, et fiat (1) circumferentia H N K M; inter quas circumferentias continebitur orbis Lune ecentricus, et inter duas partes residuas orbis totius, quarum suprema est contenta inter lineam A B C D et inter lineam A G F E, et infima continetur inter lineam H N K M et inter lineam O Q K P, sicut dictum est de orbe Solis. Et orbis ecentricus Lune ponitur continue moveri in circuitu sui [centri] (2) ecentrici, quod est V. In cujus una parte intelligenda est concavitas, ut quoddam corpus rotundum inseratur; quod potest duobus modis intellexi: vel quod sit undique spericum convexum, sicut pila; vel quod sit spericum extra, et concavum intra, ita quod pars ecentrici parva sit in medio epicicli. Si primo modo, tunc epiciclus est K L F I, ita quod corpusculum R Y S fit de ecentrico. Non enim vis est, sive sic, sive sic intelligatur. In corpore etiam epicicli intelligendum est corpus planete situari, ita quod sit concavitas in epi-
fol. 204, r. ciclo | ut corpus spericum et undique convexum collocetur, ut est A ϴ vel K ϴ. His itaque se habentibus, ponunt quod moveatur ecentricus in suo loco circa centrum suum, et secum deferat totum epiciclum. Et pre-

(1) Au lieu de: *fiat,* le ms. porte: *fiet.*

(2) Le mot: *entri,* est omis dans le ms.

ter hoc, ponunt quod epiciclus continue moveatur circa centrum proprium, deferens secum corpus planete. Et etiam aliqui ponunt quod planeta moveatur circa suum centrum motu proprio, quia (1) aliter diversa facies planete nobis appareret, quando est in auge epicicli et in opposito augis; sed hoc non est possibile, quia semper eadem facies Lune, in qua est ejus macula, nobis semper apparet (2); ex quo concludit Aristotiles secundo Celi et Mundi quod in omnibus planetis appareret | (3).

(4) Ex hac igitur ymaginatione non videtur sequi fol. 205, r.
aliquod dictorum inconvenientium, et tamen contingit per ipsam apparentiam salvare, sicut docet Ptolomeus, scilicet stationem, retrogradationem, directionem, et in eandem partem velocitatem majorem et minorem respectu centri mundi. Et accidit aliquando planetam esse in longitudine epicicli longiore, aliquando in longitudine propinquiore. Et similiter centrum epicicli variatur in ecentrico. Et quia partes extreme totius orbis appropriantur eidem planete cui orbis medius ecentricus ||
appropriatur (5), et non moventur, nisi forte motu diurno Maz., fol. 128, col. c.
per motum totius orbis, non contingunt huic ymaginationi inconvenientia (6) que prius conclusa sunt ex hoc quod orbis continens orbem ecentricum, et ab eo contentus, appropriabantur diversis planetis motis propriis motibus et diversis.

(7) † Sed qui hac ymaginatione gaudent, credentes ex ea possibilitatem circulorum et motuum quos ponit Ptolomeus declarasse, propriam ignorantiam eorundem motuum ostendunt.

---

(1) Au lieu de: *quia,* le ms. porte: *qui.*

(2) Au lieu de: *apparet,* le ms. porte: *appareret.*

(3) Le verso du fol. 204 est occupé en entier par la figure.

(4) A partir des mots: *Ex hac igitur ymaginatione,* le texte du ms. est reproduit de nouveau par le Cod. Maz.

(5) Le mot: *appropriatur* est omis au Cod. Maz.

(6) Au lieu de: *inconvenientia,* le ms. porte: *convenientia.*

(7) Le Cod. Maz. marque ici le commencement de son quinzième chapitre, non numéroté.

† Ponit enim Ptolomeus in Luna et Mercurio quod ecentricus totus deferens epiciclum movetur circa aliud centrum a centro proprio. Ecentricus enim Lune totus movetur secundum ipsum circa centrum mundi, ut prius declaratum est, ad occidentem, ita quod longitudo ejus longior, et propior, et ejus centrum tres circulos parallelos describunt, quorum centrum est centrum mundi. Sed hec positio ecentrici Lune (1) est centri, et non ecentrici (2) Mercurii, cum mutatione sui centri circa aliud punctum a centro suo.

† Et in his etiam circulis ponit epiciclos moveri ad contrarium, scilicet ad orientem; quos etiam motus si dicti (3) ymaginantes posuerint in orbe medio ecentrico, patebit aliquod dictorum impossibilium necessario contingere, tam ex motu ecentrici quam ex motu epicicli.

† Item ponit Ptolomeus quod fere in una revolutione Lune secundum longitudinem bis pertransit epiciclus ecentricum, et quod bis fuerit in ejus auge, et bis in Maz., fol. 128, col. d. ejus oppositione, quod non contingit || secundum dictam ymaginationem. (4) Nam secundum hoc ecentricus moveretur in partes contrarias simul et semel, ut patet ex motibus Ptholomei et ex hac ymaginatione.

† Ponit etiam Ptolomeus quod auges planetarum moventur ad motum octave spere. Qui quidem motus non est circa centrum proprium ecentrici, quoniam in motu circa centrum proprium non manet idem (5) punctus aux planete; ymo, semper diversificatur. Motus autem qui est ab octava spera est totius orbis; itaque fol. 205, v. idem punctus | manet aux et idem oppositum augis.

† Item sequitur ex dicta imaginatione quod eadem pars corporis planete non semper respicit Terram, sive

(1) Au lieu de: *Lune,* le ms. porte: *veri.*

(2) Au lieu de: *ecentrici,* le ms. porte: *ecentricus.*

(3) Au lieu de: *dicti,* le ms. porte: *dicto.*

(4) La phrase qui commence à: *Nam secundum* et se termine à: *ymaginatione* est omise au Cod. Maz.

(5) Au lieu de: *idem,* le ms. porte: *minus.*

aspectus nostros; cujus contrarium ostendit Aristotiles per Lunam, cujus macula nobis sub eadem figura semper apparet. Quod autem hoc inconveniens ex sua positione sequatur, apparet, cum, secundum ipsos, corpus in quo ymaginatur epiciclus, movendo circa centrum proprium, deferat circulariter planetam, et ita eadem pars planete in tota circulatione centrum epicicli respiciat. Quare cum aspectus noster intra (1) epiciclum non fuerit inclusus, necesse est quod diversa pars ejus nobis continue appareat, et quod in auge epicicli et oppositione augis partes planete oppositas videamus. Hoc autem inconveniens non potest vitari, nisi ponamus planetam habere proprium motum circa centrum suum, quod est contra Aristotilem libro Celi et Mundi.

† Item in epiciclis, secundum Ptholomeum, distinguuntur aux vera et aux media; et est aux media semper idem punctus in epiciclo, a determinato puncto in diametro mundi maxime elongatus; sed hec non contingerent si epiciclus haberet motum circularem completum circa centrum proprium.

† Item inconveniens videtur accidere dicte positioni propter difformitatem figuralem quam (2) ponit in orbibus || partialibus extremis; quamvis enim superficies ipsos terminantes fuerint uniformis figure, quia sperice, tamen difformis est figura corporalis, cum in aliqua parte fuerint magis spissi, et in alia minus. Hanc autem difformitatem negant naturales in corporibus celestibus propter eorum simplicitatem et unigeneritatem (3).

Maz., fol. 129, col. a.

† Item inconveniens est, ut videtur, ponere corpus celeste sine motu sibi appropriato. Sed hoc ponit dicta positio, cum partiales orbes extremi aut necessario quiescant, aut motu communi, per motum totius orbis solum, moveantur; quoniam aliter ex eorum motu accideret aliquod dictorum impossibilium.

(1) Au lieu de: *intra,* le ms. porte: *infra.*

(2) Au lieu de: *quam,* le ms. porte: *quoniam.*

(3) Au lieu de: *unigeneritatem,* le ms. porte: *unigenertatem.*

Ex (1) his autem que contra dictam opinionem sunt preposita ostenditur etiam quod non contingit ponere epiciclos, quoniam aliter non possint, ut prius ostensum est, poni, nisi ponendo aliquod corpus rotundum motum circa centrum proprium, cujus motu centrum planete circulum describeret, qui dicitur epiciclus, et hoc jam improbatum est. Ex predictis igitur apparet impossibilitas (2) ecentricorum, et epiciclorum, et eorundem quorundam motuum quos ponunt Ptolomeus et ejus sequaces.

† De aliis etiam eorum quibusdam motibus quos ponit, potest sibi rationabiliter contradici, videlicet de motu reflexionis et involutionis epiciclorum Veneris et Mercurii, et de motu etiam reflexivo suorum ecentrico-
fol. 206, r. rum | et etiam epiciclorum trium planetarum superiorum. Quoniam omnis motus corporum celestium est continuus et perpetuus, ut ostenditur 8° phisicorum. Sed nullus motus reflexivus est continuus, ut ibidem docetur; ymo accidet quies intermedia. Quare predicti motus, cum sint omnes reflexivi, non sunt possibiles.

Licet (3) autem hec objecta videantur Astronomiam Ptolomei destruere, tamen sunt difficillime rationes experimentales ipsam, quantum ad positionem ecentricorum vel epiciclorum, confirmantes; quarum una su-
Maz., fol. 129, col. b. mitur ex inuniformitate motus planetarum, || et hac ratione usus est Ptholomeus ad ostendendum ecentricos vel epiciclos, cuius pertractatio patet ex prehabitis.

† Difficilius autem potest argui ad idem ex hoc quod idem planeta aliquando magis approximatur Terre, aliquando minus. Et cum motus corporum celestium sit circularis, et per motum talem non poterit sic di-

(1) Le Cod. Maz. ne marque pas ici le commencement d'un chapitre nouveau; en outre, il omet toute la première phrase et reprend à: *Ex predictis.*

(2) Au lieu de: *impossibilitas,* le Cod. Maz. dit: *possibilitas.*

(3) Le Cod. Maz. marque ici le commencement de son seizième chapitre, non numéroté.

versimode planeta terre approximari, nisi describendo circulum cujus centrum non sit centrum mundi, et hujusmodi circulus vel includet centrum mundi, et vocatur ecentricus, vel excludet, non excedens orbem planete, et vocatur epiciclus; cum, inquam, ita fuerit, necessaria est positio ecentricorum vel epiciclorum.

† Quod autem planeta diversimode, ut dictum est, Terre approximatur, pluribus rationibus experimentalibus ostenditur. Et primo per diversitatem aspectus Lune que in eodem loco ejusdem circuli meridionalis, quandoque habet majorem diversitatem aspectus in latitudine, et quandoque minorem, situ aspicientis non mutato. Hoc autem non posset esse, nisi in uno tempore magis vicinaretur Terre, cum diversitas aspectus fuerit major; et in alio tempore minus, cum ipsa fuerit minor.

† Item videtur per eclipses lunares, quoniam Luna in eadem distantia a nodo, et ita in eadem distantia ab axe umbre Terre pyramidalis, vel etiam existens in nodo, et ita transiens per axem umbre, aliquando plus moratur infra umbram, aliquando minus; quod, ut videtur, non poterit causari, nisi plus de umbra pertransierit (1) in uno tempore quam in alio. Et cum umbra fuerit pyramidalis || figure, cujus basis est Terra, cum Maz., fol. 129, col. c.
pertransierit plus de umbra, erit Terre propinquior, et cum minus, remotior. Sed quia hec ratio solvi poterit per inuniformitatem motus Lune, quam salvat Alpetragius, preter ecentricum vel epiciclum, ideo ex diversa quantitate eclipsis difficilior ratio sumi potest. In eadem enim distantia a nodo, et per consequens, in eadem propinquitate Lune ad axem ipsius | umbre, aliquando fol. 206, v.
plus corporis Lune eclipsatur, aliquando minus; hoc autem impossibile videtur accidere, nisi ex majori ejus vicinitate ad Terram et minori.

† Quod si his rationibus aliqui adversari voluerint, supposita forte interimendo, vel ipsorum aliam causam

(1) Au lieu de: *pertransierit*, le ms. porte: *pertransit*.

quam predictam assignando, sequenti ratione fidem adhibere proposito cogi videntur.

† Omne enim visibile aliquando apparens sub majori angulo, aliquando sub minori, ipso visibili in se non mutato, nec medio, nec visu, aliquando est visui propinquius, aliquando remotius. Sed planete sunt hujusmodi. Quare, etc. Minorem potest quilibet non (1) solum in philosophia expertus, ymo rudis et inexpertus, fide oculata improbare. Cum enim aliquis trium planetarum superiorum fuerit in oppositione ad Solem, apparebit sensibiliter majoris quantitatis quam cum fuerit in alio aspectu ad ipsum. Ita quod quanto Soli magis approximaverit, tanto minoris quantitatis apparebit. Et hec apparentia positioni Ptolomei maxime concordat quantum ad epiciclos et quantum ad motus in epiciclis, quos imaginatur in dictis planetis. Quoniam, secundum ipsum, cum fuerint in oppositione ad || Solem, semper sunt in parte inferiori epicicli; et cum fuerint Soli conjuncti, sunt in parte superiori. Et a tempore conjunctionis usque ad oppositionem describit unam medietatem epicicli semper Terre approximando; et ab oppositione ad iteratam conjunctionem (2), aliam medietatem, successive distantiam ejus a Terra augmentando. Hec autem diversitas quantitatis trium planetarum maxime apparet in Marte propter vicinitatem ejus ad Terram et epicicli magnitudinem; et minus in Jove, propter causas oppositas, apparet, et minime in Saturno.

Maz., fol. 129, col. d.

Nec potest dici quod in approximatione ad Solem apparent minoris quantitatis non propter causam predictam, sed quia, cum a Sole lumen recipiant, sicut Luna, propter propinquitatem eorum ad Solem, similiter Lune, minus ab ipso (3) illuminantur, et solum nobis illuminatum apparet. Contra hec enim est quod,

(1) Au lieu de: *non,* le ms. porte: *in.*
(2) Dans le ms., le mot: *conjunctionem* est répété deux fois de suite.
(3) Au lieu de *ipso,* le ms. porte: *ipsis.*

sicut ex ista causa sensibilis apparet diversitas in quantitate Lune, similiter apparet in figura; quod non videmus in aliis.

† Item, non est simile in his et in Luna, quoniam Luna situatur sub Sole, et ideo cum est Soli propinqua, non eadem tota ejus pars respicit visus nostros, et Solem. In dictis autem planetis, quia supra Solem situantur, in nulla distantia ipsorum a Sole videtur eorum aliqua pars quin eadem fere tota a Sole respiciatur.

† Nec potest dici quod, propter approximationem ad Solem, cadunt in radiis Solis, et ideo minores apparent quam in majori distantia, quoniam diversitas in quantitate ipsorum apparente existit in majori distantia quam fuerit distantia in qua planete cadunt in radiis Solis; sicut per visum et ea que probantur in fine Almagesti probari poterit | (1).

De scientia experimentorum: que dicitur dignior omnibus partibus philosophie naturalis de perspectivis: et ideo notanda est maxime. fol. 207, r.

Hic terminatur pars quinta Operis majoris, et sequitur pars sexta, que est dignior omnibus aliis et longe potentior. Nam etsi quelibet scientia juvet aliam et mutuis se foveant auxiliis, tamen hec habet majus posse in omnes quam aliqua respectu alterius. Et hec nihilominus habet suas considerationes absolutas, et preterea utitur omnibus aliis sicut ancillis suis. Et vocatur scientia experimentalis, qui per antonomasiam utitur experientia. Novit enim quod argumentum persuadet de veritate, sed non certificat; ideoque negligit argumenta; et non solum causas rimatur conclusionum per experientias, sed ipsas conclusiones experitur.

---

(1) Le mot: *poterit* termine la col. *d* du fol. 129 du Cod. Maz.; il termine en même temps ce que le *Liber secundus communium naturalium* a emprunté à l'*Opus tertium*

† Hec igitur tres habet dignitates; sed prima est duplicata in radicibus, secundum quod exposui superius versus initium istius Operis, ubi me excusavi quare non potui principalia et completa scripta per me solum a tempore Vestri mandati absolvere. Dixi igitur ibi quod hec scientia habet unam dignitatem: quod ipsa certificat omnes scientias per vivas experientias et completas. Et posui exempla magna de iride et circulis coloratis qui apparent circa stellas. Nam hujusmodi sunt veritates naturales, et perspective, et astronomice. Nam et naturalis, et perspectivus, et astronomus habent aliqua de his assignare, sed isti omnes imperfecti sunt. Naturalis enim philosophus narrat et arguit, sed non experitur. Perspectivus vero et astronomus multa experiuntur, sed non omnia, neque sufficienter. Reservatur igitur huic scientie experientia completa. Et propter hoc rimatus sum omnes experientias in istis et, quantum potui, in scriptis explanare posui, precipue secundum tempus quod habui, et secundum quod requisivit persuasio quam feci. Oporteret vero omnia que scripsi verificari per instrumenta et per opera; quod fieri potest, cum Vestre placebit voluntati. Quod si essent ad plenum explicata, tunc mirarent Latini quod nunc consistant in ignorantia densissima in hac parte, sicut et in multis aliis.

[1] (1) Quamvis autem figure corporales requiruntur ad hoc ut nobis omnino certificentur Iris et halo, tamen sicut propter aliqualem cognitionem Iridis posui figuras superficiales, in Opere primo, quatinus cognitio que possibilis est in libro describi poterat, sic nunc, in hoc Opere tertio, volo figuras protrahere que in superficie sunt possibiles, quatinus circulus circa stellas clarius relucescat.

† Oportet autem supponere hic, sicut in Iride, quod halo generatur in vapore composito ex stillicidiis infi-

(1) Le n° est omis dans le ms.

nitis, ut colores valeant apparere, sicut et accidit in omnibus experimentis que attuli ad Iridis cognitionem.

† Ceterum necesse est quod halo | sit in (1) loco vel fol. 207, v. alto et quiete, quia est diuturne permanentie, et ideo est supra tumultum et impetum nubium grossarum; et propter hujusmodi diutinam permanentiam, oportet quod vapor ejus componatur ex stillicidiis minutissimis, quas propter multam subtilitatem aer ipse valet sustinere, percipue cum ibi congelentur ex loci frigiditate et per virtutem loci frigidi suspendantur.

† Si igitur volumus certificare ceteras ejus conditiones, tunc oportet primo quod ejus altitudo super orizonta cognoscatur, et, ut possibile est, describatur propinquius veritati et sensibilius; hoc dico quia nulla figuratio superficialis sufficit in hac parte (2).

Diameter igitur orizontis sit AE linea, et sit A fol. 208, r. oriens et E occidens. Circulus vero ipsius halo sit BRTC, cujus diameter est CPB, et P est centrum ejus, et centrum Solis secundum judicium visus. Nam Sol videtur esse in centro ipsius halo, et Luna, et quelibet stella circa quam apparet, sicut circulus respectu centri sui. Per astrolabium igitur, vel aliud instrumentum, accipiatur altitudo halo; et circulus sue altitudinis sit ZCBH, transiens per fines (3) dyametri. Et per idem instrumentum accipiatur altitudo Solis, cujus circulus altitudinis secundum judicium visus sit DTRG, transiens per centrum Solis, propter hoc quod Sol apparet in centro halo, distans per spatium immensum. Et ideo ad hoc designandum, describatur Sol supra halo, et ducatur ejus circulus altitudinis, qui sit MVLK, quatinus veritas intelligatur juxta illud quod videtur sensui. Quorum circulorum altitudinum halo et Solis idem est centrum, scilicet oculus aspicientis, scilicet O,

(1) Les deux mots: *sit in* sont répétés deux fois dans le ms.

(2) Le reste du fol. 207, v.°, est occupé par la figure que, pour des raison typographiques, nous avons transportée, un peu plus loin; v. pag. 140.

(3) Au lieu de *fines*, le ms. porte: *finem*.

quia semper oculus aspicientis est loco centri circuli altitudinis, et linea QON transit per centrum Solis, et centrum oculi, et usque ad Nadir Solis, quasi secundum sensum, et dividit dyametrum halo (1) in duas medietates. Per experientiam igitur invenitur quod, se-

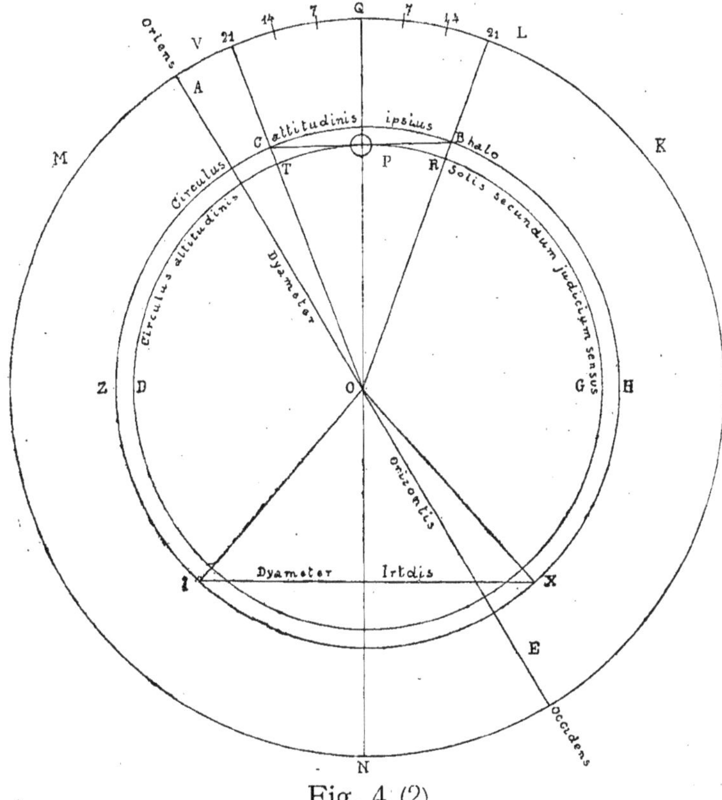

Fig. 4. (2)

cundum judicium visus, Sole apparente in centro halo, erit distantia centri ejus ab exteriore circumferentia ipsius halo 21 gradus de circulo altitudinis; ita quod tota diameter halo comprehendit 42 gradus de circulo

(1) Au lieu de : *halo,* le ms. porte : *holo.*

(2) Cette figure, entièrement fautive dans le ms., a du être corrigée d'après le texte.

altitudinis, id est respondet (1) tanto arcui. Et hoc est verum, sive loquamur de circulo altitudinis halo, sive Solis. Nam arcus illi similes sunt et proportionales respectu suorum circulorum. Quota enim pars sui circuli est arcus CB, tota est sui circuli arcus TR (2), et similiter arcus VL.

† Et super istud cadit experientia certa per experimenta, sive sit halo circa Solem, sive Lunam, sive stellam aliam. Sed melior modus experiendi hic est: Ut sumatur palus, quasi ad quantitatem aspicientis, cujus summitas ex obliquo et oblongo scindatur, et figura ejus non sit circulus verus, sed ad ovalem declinet figuram, ut astrolabium aptius ad visionem collocetur; et hic palus figatur in terra, in loco libero, habens de sua substantia clavum parvum in summitate, qui transibit per centrum astrolabii; nam equus, sive clavus, qui transit per centrum astrolabii debet amoveri, et astrolabium habet poni super extremitatem pali, ita quod dorsum astrolabii sit superius versus celum. Et deinde aspiciens considerabit Solem per foramina baculi qui est in dorso astrolabii. Et similiter aspiciet exteriorem circumferentiam halo. | Et sic per fol. 208, v.
gradus in dorso astrolabii videbit certitudinaliter quod de circulo altitudinis 21 gradus respondebunt semidiametro et 42 toti diametro. Oportet autem quod recurramus in ista distantia Solis et halo ad aliquod nobis notum (3) per quod noscamus hanc distantiam; et hoc est arcus circuli altitudinis qui per experientiam instrumenti nobis innotescit. Potest vero experientia hec fieri suspenso astrolabio ut fit communiter, sed modus predictus melior est.

† Et juxta istud diligenter notandum est quod aliquando halo non apparet integer, sed aliqua portio sui circuli, vel aliquis arcus a latere Solis. Et hujus causa

(1) Au lieu de: *respondet*, le ms. porte: *respondeat*.

(2) Au lieu de: TR, le ms. porte: CR.

(3) Au lieu de: *notum*, le ms. porte: *natum*.

est, quia materia vaporis ibi invenitur, et non alibi in circuitu Solis. Quod igitur sic apparet aliquando a latere Solis, erit pars ipsius halo; sed quia est in magna distantia ab oculo, et est modicus arcus, ideo apparet in linea recta. Nam linea curva a longe apparet recta, et sperica superficies apparet plana, ut patet in Sole et Luna, sicut in Perspectiva dictum est superius. Quapropter hujusmodi virgule colorate, apparentes aliquando in latere Solis, vel Lune, vel aliarum stellarum, non sunt aliud quam partes halo, et ideo non faciunt novam impressionem et principalem, diversam ab halo, secundum quod vulgus naturalium estimat; et textus Aristotelis in latino, et liber Senece de Iride inclinantur ad hoc, tanquam sint tres impressiones colorate, scilicet Iris, halo, [et] (1) perpendicularis, ut Aristoteles nominat, vel virga, ut Seneca. Sed secundum veritatem, illud quod vocant perpendicularem vel virgam, est pars halo, ut dictum est; quia semper est in eadem distantia a Sole, qua partes halo, et in eodem situ. Sed quia parvus arcus est, ideo in tanta distantia videtur esse linea recta, ut dictum est.

[2] (2) Et ex dictis apparet quantitas pyramidis sub qua videtur halo. Nam hec figura pyramidalis est COB. Et ex his cum eis que de Iride scripsi in primo Opere, sequitur quod linea QON est axis utriusque pyramidis sub quibus halo et Iris videntur. Nam ex his que nunc tacta sunt, oportet quod linea QO sit axis pyramidis halo, ut ad sensum patet in figura, que transit per centrum Solis, et halo, et per centrum oculi; que si in continuum et directum protrahatur, cadet in Nadir Solis secundum sensum. Sed linea que per centrum Solis, et oculi, cadit in Nadir Solis, est axis pyramidis Iridis transiens per centrum Iridis, ut in primo Opere declaravi. Ergo tunc mani-

(1) *Et* n'est pas dans le ms.
(2) Le n° 2 est omis dans le ms.

festum est quod linea eadem, scilicet QON, est axis utriusque pyramidis. Quapropter pyramis sub qua videretur Iris erit in oppositum Solis IOX, posito quod totus | semicirculus Iridis videri possit cum halo. Sed fol. 209, r.
hoc non est possibile. Loquamur tamen de pyramide Iridis intelligibiliter, et hoc sufficit. Sit (1) ergo semicirculus Iridis INX et ejus dyameter IX, cujus semicirculi parva pars, scilicet EX, sit super orizonta.

3. Et ex his sequitur quod coni pyramidum istarum continuentur et commisceantur super centrum oculi; ita quod si oculus posset videre ante et retro per medium capitis, simul et semel videret Iridem et halo, si materia rorida et cetere conditiones que requiruntur ad apparitiones istarum impressionum adessent. Propter quod si fiat in eadem hora Iris et halo, sicut bene accidit, tunc aspiciens, vertens se ad Solem, videbit halo (2); et si statim et subito vertat caput ad locum Iridis, videbit Iridem. Nam hoc per experientiam manifestum est.

4. Et ex istis, et ex illis que sunt in primo Opere declarata circa Iridem, sequitur quod angulus pyramidis sub quo videtur dyameter circuli halo est sicut angulus sub quo comprehenditur semidiameter (3) circuli Iridis. Est ergo subduplus ad angulum totius Iridis, posito quod tota videretur. Et ideo angulus IOX sub quo videretur dyameter tota Iridis, si possibile esset, quando halo generatur, est duplus ad angulum COB, sub quo tota dyameter halo videtur. Et similiter angulus NOX, qui est angulus sub quo semidiameter Iridis videtur, est equalis angulo COB, et similiter angulus NOI, ut patet in figura. Quod autem hii anguli sic se habeant, patet ex his que demonstrata sunt de Iride in majori Opere. Nam maxima altitudo Iridis est 42 graduum de circulo altitudinis; et tunc si materia

(1) Au lieu de : *sit*, le ms. porte : *sic*.

(2) Au lieu de : *halo*, le ms. porte : *holo*.

(3) Au lieu de : *semidiameter*, le ms. porte : *semidiamiter*.

sit disposita, Iris tota apparet, scilicet semicirculus cujus cornua tangunt fines oppositos orizontis, scilicet septentrionem et meridiem, quia Sol tunc est in orizonte, scilicet in ortu vel occasu. Ex quo sequitur quod dyameter Iridis qui a contactu Iridis et sui circuli altitudinis descendit ad terram respondebit 42 gradibus de circulo altitudinis Iridis. Et hec semidyameter est sicut NX linea, que erit proportionalis toti dyametro ipsius halo. Circuli enim altitudinum sunt proportionales. Omnes enim circuli altitudinum sunt super idem centrum, quod est oculus, et ad eandem superficiem reductibiles sunt; propter quod erunt proportionales, et arcus eorum habentes equalem numerum gra-
fol. 209, v. duum erunt | similes et proportionales, et ideo equalem angulum respiciunt, et similes cordas, licet non equales semper, quia circuli altitudinum possunt esse inequales; anguli tamen arcuum similium erunt equales. Cum igitur semidiameter Iridis respiciat arcum circuli altitudinis Iridis, habentem 42 gradus, et tota dyameter halo arcum tot graduum in suo circulo altitudinis respiciat, planum est quod angulus sub quo videtur semidiameter Iridis et angulus sub quo videtur tota dyameter halo erunt equales. Ergo angulus sub quo tota dyameter Iridis videtur erit duplus ad angulum sub quo videtur tota dyameter halo. Et hoc est quod volui demonstrare.

5. Et iterum ex his patet quod quanto Sol elevatur, tanto halo similiter ascendit. Nam nunquam est distantia circumferentie ejus a centro Solis, nisi per 21 gradus de circulo altitudinis; ergo oportet quando (1). Sol ascendit super orizonta, quod halo ascendat proportionaliter. Et sic est de Luna, et stellis ceteris, circa quas halo generatur.

6. Ex quo, et ex his que dicta sunt de Iride, oportet quod, quando halo ascendit super orizonta, quod

(1) Au lieu de : *quando,* le ms. porte : *quod.*

Iris descendat, et econverso; quia quanto Sol ascendit, Iris descendit, ut declaratum est in primo Opere; et si hoc, tunc quanto (1) halo est altior, tanto Iridis minor portio est super orizonta et prope ipsum.

7. Et cum linea que est axis utriusque pyramidis transeat per centrum oculi, tunc secundum quod oculus movetur, hec linea renovabitur, sicut umbra renovatur ad motum corporis.

8. Et sic cum linea hec moveatur, sive renovetur, in partem motus oculi, tunc movebuntur ambe rotunditates halo et Iridis.

Quare continue generatur nova halo, sicut Iris, oculo existente in motu. De Iride enim hoc ostensum est; ergo similiter erit de halo. Et sic uni et eidem (2) oculo infinite halo sicut Irides apparent, cum movetur videns. Credit tamen unam halo videre, et unam Iridem, sicut unus rusticus motus unam umbram credit habere quamvis infinities renovatur (3) secundum motum (4) suum. Et quia sic est, ideo halo habet omnes differentias motus secundum motum videntis, sicut Iris, scilicet: Quando (5) homo persequitur halo, tunc fugit ante eum; si fugit, halo sequitur; si ad orientem vel occidentem moveatur, halo equidistanter reno- | vabitur; sicut de Iride dictum est; dummodo materia vaporis sit preparata in loco generationis; quamvis isti motus halo non sunt ita sensibiles sicut de Iride, propter hoc quod magis distat (6) a nobis quam Iris, et quia guttule sunt minores et magis subtiles. fol. 210, r.

† Et dictum est in Opere primo quod Iris generatur per reflexionem et halo per fractionem. Nam non potest per lineas rectas neque halo, neque Iris generari,

(1) Au lieu de : *quanto,* le ms. porte : *quando.*
(2) Au lieu de : *eidem,* le ms. porte : *iidem.*
(3) Au lieu de : *renovatur,* le ms. porte : *movetur.*
(4) Au lieu de : *motum,* le ms. porte : *motuum.*
(5) Au lieu de : *quando,* le ms. porte : *quod.*
(6) Au lieu de : *distat,* le ms. porte : *distant.*

tanquam nubes esset colorata de se, ut videretur Iris vel halo, sicut objectum visus in nube, per speciem suam multiplicatam ab ea, veluti ab alia re visa, secundum solas lineas rectas; sicut nos videmus a longe vaporem in aere nebuloso, et cum appropinquamus ad vaporem prius visum, non videmus ipsum, sed aliam, propter causas dictas in Perspectiva. Dico igitur quod sic esse non potest in halo, nec in Iride, quamvis aliqui sic estimabant. Nam tunc oporteret quod nubes tota esset colorata, quia Iris et halo renovantur secundum motum videntis. Et si hoc, tunc secundum figuram nubis esset figura halo vel Iridis; ut si nubes esset aliquando vel quadrata, vel triangularis, vel cujuscunque figure regularis vel irregularis, oporteret quod Iris et halo viderentur secundum illam figuram; nam non haberent figuram nisi a nube. Item, tunc non esset Iris semper in oppositum Solis, nec halo juxta Solem, nec oporteret quod una linea transiret per centrum Solis, et halo, et Iridis, et oculi, nec quod ad ascensum Solis esset elevatio halo, nec depressio Iridis, nec econverso; quia Sol nichil secundum hanc imaginationem faceret, nisi iluminaret nubem coloratam, sicut illuminat vaporem visum a longe, et sicut aliam rem quamlibet (1), et oculum illustrat. Sed patet quod Iris est in oppositum Solis, et halo in partem Solis, et cetera similiter contingunt. Quapropter non est nubes colorata, nec est aliquid in ea quod visum immutat, sed nec contingit dare aliud quam stellam, cujus radii veniunt ad oculum, qui talis coloris appareat in stillicidiis, secundum quod ostensum est in Iride; quod non est aliquid, sed imago Solis visa, sive Sol apparens visui, coloratus sic propter errorem visus et defectum. Et ideo sicut colores Iridis non sunt veri, sed apparentes tantum ex defectu visus, sic erit de halo ; et sicut Iris est ymago Solis, sic halo.

(1) Au lieu de: *quamlibet*, le ms. porte: *qualibet*.

† Unde in stillicidiis infinitis apparet Sol, quorum quodlibet est sicut spera, et transeunt radii per quodlibet usque ad oculum, a tota scilicet superficie Solis visa. Sed quia sine intervallo sunt ordinata, ideo apparet una ymago continua, et non lucida, sed colorata, propter easdem rationes que dicte sunt de coloribus Iridis; quantum ad numerum colorum dico, licet non quantum ad ordinem; nam in halo ordo colorum contrarius est ordini et | situi colorum Iridis. fol. 210, v.

† Quod igitur videtur est stella utrobique, tam per halo quam per Iridem, sed sub specie aliena. Et quoniam Iris non videtur nisi in oppositum Solis, et halo in partem Solis et prope ipsum, oportet quod halo fiat per fractionem, sicut Iris per reflexionem. Nam postquam oculus est inter Iridem et Solem, tum cum Sol videatur, licet sub aliena specie, non potest hoc esse per lineam rectam, ut patet; nec per fractam, quia semper linea fracta vadit in continuum et directum a loco fractionis, et ita si in nube frangeretur, tunc non veniret ad oculum. Ergo tertio modo fiet Iris, et hoc est per reflexionem.

† Et tunc econtrario cum halo appareat juxta Solem in certa distantia, et in oppositum visus sicut Sol, oportet quod vel fiat halo per radios Solis rectos, vel fractos. Sed radii ejus recti non faciunt hoc, quia quando non sunt vapores, nec nubes, sed aer purus in quo solum multiplicantur radii recti ad nos, ita quod in aere nullo modo fiat fractio, tunc halo non apparet. Ergo de necessitate apparebit mediante vapore, et hoc certum est. Sed secundum leges fractionis, radii franguntur in ingressu corporis secundi, quod est alterius dyafaneitatis; ergo relinquitur quod radii venientes ad vapores franguntur omnes, preter perpendicularem, que est axis ipsius halo; et ideo in stillicidiis ipsius vaporis franguntur radii primo in vapore, deinde extra vaporem in aere, ut concurrant ad oculum.

† Ex his igitur cum aliis que in Opere majore dicta sunt, patent iste impressiones difficiles quantum presenti

debetur persuasioni; et in tantum elevata est certificatio istarum rerum mirabilium, quod non sunt tres inter Latinos qui ad hoc pervenirent. Nam hec non sciuntur per sola argumenta, sed per experientias occultas et difficiles, per instrumenta et per opera sapientie diversa. Et ideo in istis duobus precipue potest Vestra Beatitudo omnium ignorantiam experiri. Et scribatis omnibus famosis clericis de mundo, et non inveniens aliquem qui hanc scientiam sciret investigare, nec ab alio investigatam intelligere, nisi fuerit prius bene edoctus, et formam discipuli optineret.

Habet autem hec scientia aliam prerogativam, quod in terminis aliarum scientiarum explicat veritates, quas tamen nulla earum potest intelligere, nec investigare, ut est prolongatio vite, que est in terminis Medicine. Sed ars Medicine nichil de hac loquitur. Experimentator autem videt quod animalia bruta, ut corvus, et aquila, et alia se sanant per herbas et lapides, et renovant juventutem, et prolongant vitam suam; et ideo excogitat quod sapientia hec non est brutis concessa, fol. 211, r. nisi | propter hominem. Et ideo excogitat quomodo possunt fieri in corpore humano. Et ideo considerat (1) unde habet abbreviatio vite ortum, ita quod homines longe citius moriantur quam deveniant termini vite quos Deus ipse constituit in humana specie; et loquor post peccatum quod obligavit ad mortem. Per Historiam enim sacram invenimus, cum expositione Josephi, quod homines vixerunt mille annis. Sed nunc vix in potentatibus per octoginta aliquis vivit, et amplius accidit labor et dolor, sicut ait David propheta. Cum ergo a mille annis decucurrit vite abbreviatio usque ad circiter octoginta, manifestum est quod termini naturales constituti in mille annis multum preveniuntur hiis diebus. Et ideo accidentalis est abbreviatio et contra naturam. Et omne tale habet remedium ei possibile, et

(1) Le ms. porte: *non considerat.*

ideo potest elongari vita longe ultra id quod vivimus. Et hujus causa accidentalis potest patere per defectum regiminis sanitatis. Nam patres non servant hoc regimen, et ideo dant corruptam naturam filiis. Nec filii servant, quia impossibile est quod servetur; nam nec dives, nec medicus potest illa conservare que medicina proponit ad regimen sanitatis; que sunt cibus et potus, somnus et vigilia, motus et quies, constrictio et evacuatio, sanitas aeris, passiones animi. Nullus enim mortalis potest semper medium in his tenere, quod tamen ad conservationem sanitatis oportet fieri, a nativitate usque ad finem vite.

† Sed natura non deficit in necessariis, nec ars perfecta. Et ideo excogitate sunt vie, per potestatem hujus artis que experimentalis vocatur, que omnem corruptionem quam filius contrahit ex errore proprio valent delere; sed non omnem que a patribus descendit, quia illa crevit, saltem a tempore diluvii. Sed licet non totam corruptionem paternam posset in filio hec scientia evacuare, tamen potest bene magnam partem tollere. Et hoc probavit sapientia multorum. Ultra communem vitam per centum annos, et per plures annorum centenarios vitam produxerunt. De quibus scribo in Opere majori in parte sexta, et pono medicinas eorum aliquas, licet sub enigmate, propter secretorum magnitudinem.

† Et hec scientia non solum in terminis Medicine, sed aliarum scientiarum, potest multa producere, ad que ille scientie non valent pertingere.

Nam in terminis Mathematice, potest astrolabium spericum producere, quod moveatur motu celi per naturam; cujus utilitatem nunquam mathematicus cogitaret, nec qualiter fieret, nec de qua materia, nisi per hanc scientiam excita- | retur. Et est utilitatis infinite. fol. 211, v.
Nam tunc cessarent omnia instrumenta Astronomie, et horologia omnia (1).

(1) Le ms. porte : *et omnia.*

De gradu auri naturalis. † Similiter in terminis Alkimie. Nam gradus auri naturales in ventre terre sunt viginti quatuor; et ulterius per artificium possunt in infinitum multiplicari. Sed omnes libri Alkimie non docent hos gradus, nec qualiter decem et septem modi auri componuntur ex eis. Nec tota scientia illa potest vix facere aurum viginti quatuor graduum, sicut nec natura in visceribus terre; et tamen hec sunt in visceribus Alkimie. Sed venit experimentator, et rimatus est hos viginti quatuor gradus, et decem et septem species auri revolvit; et potest aurum facere ultra viginti quatuor gradus quantum vult; quod nec ars Alkimie, nec natura in ventre terre possunt operari. Et medicina quam parat ad hec experimentator est secretum maximum, de quo Aristotiles dicit in libro secretorum:

« O Alexander, volo tibi ostendere secretorum maximum, et divina potentia juvet te ad celandum arcanum, et ad perficiendum propositum. Nam illud est quod tollit omnes corruptiones metalli vilioris, ut ipsum in aurum convertat. Et idem est quod corruptiones complexionis humane aufert, ut vitam quantum satis est prolonget. Et ideo hoc est secretum secretorum, de quo soli sapientissimi sciverunt cogitare. Et pauci ad hujus rei perfectionem devenerunt ». (De lapide philosophorum.)

De Archepio qui dicitur vixisse 1025 annis. † Si tamen Archephius, qui gloriatur se vixisse mille viginti quinque annis, verum dicat, ipse pervenit ad ultimum istius rei; quod est illud de quo Aristoteles dicit in nono Metaphisice: « Non potest de mortuo fieri vivum nisi fiat resolutio ad materiam primam ». Et in fine Metheororum dicitur quod sciant artifices Alkimie, species rerum transmutari non posse, nisi reducantur ad materiam primam. Et hoc est corpus equale de quo scripsi in 2° Opere et primo, ex quo componentur corpora post resurrexionem.

De scientia quinte essentie.

Deinde hec scientia nobilissima evacuat omnes artes magicas, et considerat quid potest fieri per naturam, quid per artis industriam, quid per fraudes hominum, quid per operationes spirituum, quid valent (1) carmina, et caracteres, et invocationes, et conjurationes; ut omnis falsitas tollatur et sola veritas artis et nature stabiliatur.

Unde hec scientia considerat omnes scientias magicas, sicut Logica considerat sophisticum argumentum, ut vitetur scilicet et possit refelli. Et sic hec scientia descendit ad omnia magica, quia non vitatur malum, nisi cognitum.

Et hec scientia damnat omnem demonum | invocationem, quia non solum Theologia, sed Philosophia docet hos evitare. Nam omnis homo sane mentis novit quod demones, qui sunt Angeli mali, non possunt bene facere. Et ideo nunquam veri philosophantes curaverunt de demonum invocatione, sed magici insani et maledicti. fol. 212, r. *De Angelis malis.*

† Et postquam opera demonum excludantur, tunc similiter oportet fraudes hominum excludi, quas magi faciunt infinitis modis, per velocitatem manualem, per instrumenta subtilia, per consensum, per tenebras, per figmenta varia, in carminibus, et caracteribus, et constellationibus quas fingunt, et quibus colorant sua facta et dicta. Et isti nichil faciunt secundum veritatem artis et nature, sed seducunt homines; et multotiens demones operantur propter peccata istorum magicorum, et aliorum qui credunt eis, licet isti magici, et illi qui adherent eis, nesciant quod demones operentur.

Et hic omnes libri magici debent considerari et diffamari; ut liber de morte anime, liber fantasmatum, et liber de officiis et potestatibus spirituum, et libri de si- **De libris magicis reprobatis.**

---

(1) Au lieu de: *valent,* le ms. porte: *velint.*

gillis Salomonis, et libri de arte notoria, et omnes hujusmodi qui vel (1) demones invocant, vel per fraudes et vanitates procedunt, non per vias nature et artis.

† Et quoniam hec scientia potest hec omnia evacuare, et stabilire opus nature et artis, et veritatem defendere, ideo est summe dignitatis.

† Et ejus dignitas extra terminos aliarum scientiarum consistit in duobus: In cognitione rerum futurarum, et presentium occultarum, et preteritarum. Nam *Ptolomeus* docet in libro De dispositione spere quod astronomus non potest certificare de futuris; et in libro Centilogii illud idem docet, et, in Quadripartito. Et propter hoc dicit quod est alia scientia homini necessaria, que currit secundum vias experientie, super quam *Aristotiles* nobilis fuit fundatus, et multa turba philosophorum et dictum judiciorum astrorum sustentati sunt.

Et hec habet quatuor scientias magnas quibus Astronomie defectus supplentur. Et unam istarum scientiarum tangunt *Ambrosius* et *Basilius* in illis libris de operibus sex dierum; et hoc est per considerationem in elementis, et in animalibus, et in his que renovantur in aere, quam scientiam *Arates* philosophus exposuit.

Alie vero sunt occultiores et solis sapientissimis note.

Reliquum in quo consistit ejus dignitas mirabilis est in operibus sapientie. Et aliqua istorum habent pulchritudinem sapientie immensam; ut si non esset notum mundo quod magnes trahit ferrum, videretur magnum esse miraculum. Sed experientia sapientium invenit hoc, ut ulterius rimati sunt multa opera in his que vulgus ignorat. Et quod non solum | ferrum attrahitur a lapide, sed aurum, et argentum, et omne metallum. Et de lapide qui currit ad acetum, et de plantis, et aliis rebus ad invicem currentibus. Nam partes rerum animatarum divisarum concurrunt ad invicem, si rite et debito modo adaptentur. Et quando vidi hec, nichil potest

De magnete trahente ferrum.

fol. 212, v.

(1) Au lieu de: *vel*, le ms. porte: *et*.

michi esse difficile ad credendum, si debitum auctorem habeat, licet rationem non videam; quia sapientes longi temporis habent causas et rationes unde possunt probare que proponunt. Mira sunt hec, et in his potest deprehendi magici consideratio et philosophi.

Nam magici in his faciunt carmina et caracteres, et rerum concursum naturalem attribuunt carminum et caracterum potestati. Sed philosophans negliget carmina et caracteres, et adheret operi nature et artis.

De virga coruli et salicis.

Unde magici accipiunt virgas coruli et salicum, et dividunt eas secundum longitudinem, et faciunt eas distare secundum quantitatem palme, et addunt carmina sua, et conjunguntur partes divise; sed non propter carmina, sed ex naturali proprietate.

De magnete.

Sicut si alicui, ignoranti quod magnes trahit ferrum, diceret carmina ac caracteres describeret, tamquam per virtutem carminum et caracterum magnes carminatus traheret; certum quidem est quod carmen nichil faceret, sed virtus naturalis in magnete. Sic est hic. Nam hoc probavi certitudinaliter.

Alia sunt opera que majorem utilitatem et pulchritudinem habent, ut est scilicet compositio balneorum calidorum que fiunt ex lapidibus exagonis, qui semel percussi radiis solaribus nunquam extinguuntur, sicut Ethicus philosophus et Hieronimus docent.

De Asbestoı lapide ignito

Et Asbeston lapis, semel ignitus, nunquam extinguitur, sicut *Ysidorus,* et *Plinius,* et omnes auctores scribunt.

Possunt etiam loca sulphurea eligi, quorum natura calida est, et calx viva similiter in magna copia projici.

Sed majora sunt luminaria perpetuo ardentia, quorum quedam per modicum fomentum et invisibile magno artificio possunt perpetuari, ita quod cereus ipse in nullo inveniatur.

Alia vero sic fieri possunt ut sine aliquo fomento luceant, sicut *Avicenna* docet in libro majori de anima; et in libro ignium, *Aristotiles* docet hujusmodi componere. Nam multa inveniuntur que non comburuntur in igne, licet ardeant, ut pellis salamandre, et tale, et quoddam genus ligni, sicut dicit *Hieronimus* decimo quarto libro super *Ezechielem*, et alia, de quibus possit preparari aliquid quod semper luceret et arderet sine combustione materie.

Sed majora his sunt que personas alterarent et multitudinem per multa genera rerum, secundum quod *Aristotiles* docet in libro Secretorum, dicens: « *Alexan-*
fol. 213, r. *der*, tere grana illius plante, et | da cui vis comedere, et tibi obediet (1) in eternum.

» Et accipe illam lapidem super te, et fugiet a te omnis execratus ».

Et per ignium coruscationem et combustionem, ac per sonorum horrorem, possunt mira fieri, et in distantia qua volumus, ut homo mortalis sibi cavere non possit, nec sustinere.

De pulvere Lombardorum.

Exemplum est puerile de sono et igne qui fiunt in mundi partibus diversis per pulverem salis petre, et sulphuris, et carbonum salicis.

Cum enim instrumentum de pergameno in quo involvitur hic pulvis, factum ad quantitatem unius digiti, tantum sonum facit quod gravat multum aures hominis, et maxime illius qui hoc fieri non perciperet, et coruscatio similiter terribilis turbat valde; si ergo fieret instrumentum magne quantitatis, nullus posset sustinere nec terrorem soni, nec coruscationis.

Quod si fieret instrumentum de solidis corporibus, tunc longe major fieret violentia.

De igne greco.

Et si ignis fieret alterius generis, ut est ignis grecus et alii ignes violenti, tunc nihil posset sustinere nec durare.

Et in omni distantia fieret qua volumus, ne illi qui fecerent lederentur, et ut alii subito confunderentur.

Consimile fecit *Gedeon* in castris Madianitorum, qui ex sonitu lagenarum et ydriarum, in quibus con-

(1) Au lieu de: *obediet*, le ms. porte: *obedient*.

clusit lampades coruscantes, territi sunt Madianite, et confusi precipue, quia de nocte et subito, illis non percipientibus, irruit super eos.

Preterea, in quantum hec scientia utitur aliis, potest facere mira. Nam omnes scientie sunt ei subjecte, sicut arti militari est ars fabrilis subjecta, et carpentaria navigatorie.

Unde hec scientia imperat aliis, ut faciant ei opera et instrumenta quibus hec utatur ut dominatrix.

De speculo concavo.

Et ideo precipit Geometrie, ut figuret ei speculum ovalis figure, vel annularis, vel prope hoc, quatinus omnes anguli incidentie linearum venientium a corpore sperico in superficiem concavam speculi sint equales. Sed geometer nescit ad quid valeat hujusmodi speculum, nec scit uti eo. Sed experimentator scit per hoc omne combustibile comburere, et omne metallum liquare, et omnem lapidem calcinare. Et ideo omnem exercitum, et castrum, et quicquid velit destruere. Et non solum prope, sed in quacumque distantia quam voluerit.

Similiter precipit ei facere alia mirabiliora isto, de quorum aliquibus pretactum est prius in Mathematicis.

De electionibus astrorum.

Eodem modo precipit astronomo ut eligat constellationes certas, quas ipse experimentator vult, et tunc in eis facit opera, et cibos, et medicinas, quibus potest personam omnem alterare, et excitare ad quecumque velit, sine tamen coactione liberi arbitrii. Sed sicut cibus, et potus, et medicine alterant homines in complexione, et in sanitate, et infirmitate, et in tantum complexionem alterant quam animus | sequitur inclinationem corporis, licet non cogatur, sed quod gratis velit ad quod complexio alterata inclinat. Ut sic homo totus alteretur in sciencialibus et moralibus, in consuetudinalibus et in omnibus, ut fiat prudens, et gaudens, et diligat bonos mores, et pacem, et justitiam; vel ad contraria horum excitetur. Sic est hic, et longe potentius possunt fieri quando virtus celi specialiter concurrit in his. Et non solum opera, sed verba componit et pro-

Fol. 213, v.

fert in talibus temporibus, que recipiunt virtutem celestem et virtutem anime, et quatinus fortius alterent, quam opera, dum durant. Quia precipuum opus anime rationalis est loqui. Sed quia verba parum durant, nisi scribantur, ideo opera diutius agunt. Sed tamen verba scribi possunt, et durabunt sicut opera.

† Et ideo hec scientia principaliter et tanquam dominatrix facit ista omnia, et Astronomia ei deservit in hoc casu, sicut deservit Medicine in electione temporum pro minutionibus et medicinis laxativis, et in multis.

† Et hic est origo omnium philosophantium philosophicarum ymaginum, et carminum, et caracterum. Et ideo hec scientia distinguit inter hujusmodi, reperiens aliqua secundum philosophie veritatem facta, et alia secundum abusum et errorem artis magice. Et revolvit species artis magices, et separat eas a veritate philosophie. Sed de his tactum est prius, precipue in hoc Opere, ubi de linguis agebatur (1); et in secundo Opere, ubi de celestibus; in quibus locis diffusius locutus sum de his, et magis ea explanavi.

Similiter imperat omnibus aliis scientiis operativis, ut ei obediant, et preparent que vult, quibus utitur in admirandis effectibus nature et artis sublimis.

Quatinus hec scientia per vias quasi infinitas possit omne adversum repellere, et omne prosperum promovere.

De potentia Alexandri.

Et hac scientia usus est *Aristotiles* quando tradidit mundum Alexandro. Nam non potuit *Alexander* armorum potentia sibi subjugare mundum, quoniam non habuit in exercitu suo nisi triginta duo milia peditum et quatuor milia equitum et quingentos. Non magis mirandum est quod vicerit mundum, quam quod ausus fuit ipsum invadere cum tam parva manu. Sed dominus Aristotiles fuit cum eo, qui tempus elegit aptum aggrediendi mundum, et paravit ei ingenia, et opera, et

peditum 32000. equitum 4500.

(1) En cet endroit, le ms. marque un alinea.

instrumenta, et verba, et omnia que necessaria fuerunt victorie, per vias sapientie; propter quod primo congressu prostravit de adversis sexcenta millia hominum, et non amisit nisi centum viginti equites et novem pedites. Et docuit eum opera quibus regiones alteraret, et civitates infortunaret, et infatuaret eas, ut se juvare non possent. |

Et tunc regiones male complexionis alteravit in bonam, ut hominum malorum complexionum reduceret ad bonas; quatinus per consequens reduceret eos ad bonos mores et honestas consuetudines, et sic permisit homines vivere, ei tamen subjectos; unde Aristotiles sic dixit ei: « Altera aerem hominum malarum complexionum et permitte eos vivere. Nam aere alterato, alteratur complexio, et ad alterationem complexionum, sequitur alteratio morum ». Et hec fuit sapientia ineffabilis. fol. 214, r.

Et hac scientia mirabili utetur Antichristus, et longe potentius quam *Aristotiles,* et ideo dividet mundum gratuito, ut dicit Scriptura. Nam omnem regionem et civitatem infortunabit, et reddet imbellem, et capiet omnes sicut aves in viscatas. *De Antichristi arte.*

De morali alias civili scientia.

Post hoc extendi manum ad scientiam moralem, quam *Aristotiles* vocat civilem, quia docet regere cives in legibus, et moribus, et pace, et justitia, ut durant sine peccato, quatinus vitam futuri seculi feliciter consequantur.

Et hec scientia vocatur practica, et omnes alie dicuntur speculative respectu illius, quamvis multe earum multa operentur.

Praxis quidem operatio est; sed operationes humane in vita sunt precipue practice, quia omnes alie operationes sunt propter eas, quia bonum anime omnia que ad corpus et ad bona fortune pertinent reducuntur.

Et ideo scientia de bono anime, diviso in virtutem et felicitatem, omnibus scientiis dominatur, et requirit usum et servicium earum; quia inutiles sunt homini, nisi quando ei deserviant ad bonum anime consequendum.

Et ideo hec scientia ordinat de omnibus aliis scientiis, et a quibus, et quando debent edocere, et quomodo promoveri, et qui sint qui, in qualibet scientia, sunt imbuendi; quia non omnibus omnia valent, nec est quilibet ydoneus ad quodlibet.

Hec igitur scientia habet sex partes principales:

De Theologia. Prima tangit ea que tenenda sunt de Deo et de angelis, et de demonibus, et de resurectione corporum, et de gloria bonorum in futura beatitudine, et reprobatione malorum in pena seculi futuri. Et de summo sacerdote, qui est legis lator; et quod eam recipiat a Deo, et quod debet successorem statuere, et de electione ejus in perpetuum, ut mundus semper sit uni capiti subjectus, ne discordia accidat inter civitates et regiones.

† Et in his que de Deo tangit, multa considerat, quorum aliqua sunt prius demonstrata in Methaphisica et aliis scientiis, et alia sunt solum hic verificanda. Omnis enim alia scientia ei servit, et preparat veritates, et opera sapientie, et instrumenta. Nam conclusiones aliarum scientiarum sunt hic principia, quia hec est finis omnium scientiarum. Et ideo quicquid in aliis docetur est propter istam. Unde non accipit aliena, sed fol. 214, v. que sua sunt, | sicut dominus accipit a servo quodcumque ei placet. Quia sicut servus, et omnia que servus habet, sunt domini, ita omnes scientie, et quecunque utilia in eis versantur, sunt istius scientie; ut imparet cuilibet quod ei det quicquid fuerit necesse.

† Docet igitur quod Deus sit, et quod Deus sit unus in essentia, et trinus in personis, Pater, et Filius, et Spiritus sanctus. Et quod non possint esse plures dii. Et quod ille est infinite potentie, et infinite sapientie,

et infinite bonitatis. Et quod non exivit in esse, nec quod desinit esse, sed quod semper fuit et semper erit. Et quod produxit mundum in esse de nichilo, et creavit spirituales substantias angelicas et animas rationales. Et quod multi angeli ceciderunt in peccatum, et deputati sunt pene infernali. Et quod boni remanserunt in ordinibus suis novem distincti. Et quod multi istorum custodiunt regiones, et singulas personas, et multa operantur circa eos, in consiliis, et occultis, et instructionibus, et revelationibus, et defensionibus, et malis, et hujusmodi quamplura. Et de resurrectione, et vita duplici bonorum et malorum satis loquitur, et de purgatorio, et inferno. Et quod super omnia mirandum est et notandum, multa tangit de Domino Jesu Christo, et de gloriosa Virgine Maria, sicut expressas auctoritates congregavi a diversis auctoribus. Et quod mundum redimeret et salvaret, et judicaret tam demones quam homines malos, et puniret sine fine, et glorificaret justos, et multa hujusmodi que non possunt hic narrari. Sed non est mirum si hec et consimilia locuti, quia Apostolus dicit quod Deus illis revelavit. Atque viderunt libros Veteris Testamenti, et alios libros sanctorum et prophetarum Hebreorum; ut librum qui vocatur testamentum prophetarum patriarcharum, et libros Esdre tercium et quartum, et alios multos, in quibus sunt expresse prophecie de Christo.

Et similiter legunt libros philosophie, quos *Adam* et filii ejus, et *Noe* et filii ejus, et *Abraham* et successores ejus, et *Salomon* composuerunt. Nam totam philosophiam compleverunt sancti dicti, sicut historie narrant, et sancti confirmant, et philosophi attestantur; sicut probavi in secunda parte Operis primi. Et sancti semper converterunt omnia scripta sua ad sapientiam Dei. Et ideo elevaverunt philosophie potestatem ad divina. Et tetegerunt propter utilitatem mundi multa de Deo, que sunt communia Theologie et Philosophie. Et ideo *philosophi,* qui fuerunt viri studiosi in omni sa-

pientia, multum perceperunt de divinis per hujusmodi libros sanctorum a principio mundi. Et *Sibillis* mulierculis Deus multa de se revelavit. Et ideo verisimilis est quod philosophis, qui fuerunt contemptores mundi hujus et omnium deliciarum corporis, et qui non aspirabant nisi ad divina, quantum potuerunt, quod illis Deus quamplura de suis sacris veritatibus revelavit. Et hoc dicunt
fol. 215, r. sancti, ut declaravi in | Opere primo, scilicet parte secunda, et septima, scilicet in hac scientia morali.

De secunda parte scientie moralis.

Pars vero secunda hujus scientie moralis statuit omnes leges publicas.

Et primo eas que ad cultum divinum pertinent.

Secundo eas que [ad] (1) conjugium, et ad justiciam et pacem civium et regnorum optinendam. Et constituit omnia officia a maximo usque ad minimum, ut nullus sit ociosus in civitate, quin faciat aliquid utile rei publice. Et ideo docet hec pars quod civitas dividatur principaliter in quatuor partes: scilicet in eos qui divino cultui vacare debent; et secundo in sapientes qui de omnibus ordinare debent et judicare; (2) et tertio sunt milites, qui exequantur edicta publica per potestatem, et conservent pacem et justitiam, refrenando malos et discolos qui perturbant bonum communem; (3) et quarto est populus, qui distribuatur secundum officia et artes diversas rei publice utiles; et in quolibet officio sit prelatus constitutus, ut omnia ordinentur.

Et docet hec pars quod expellantur omnes artes que impediunt bonum commune; ut sunt ars furandi, et ludendi ad talos, et hujusmodi, et sodomite, et fornicatores, quia hi impediunt bonum prolis hereditarie, et corrumpunt civitatem.

---

(1) Le mot: *ad* n'est pas dans le ms.

(2), (3) En ces deux endroits, le ms. marque un alinéa.

† Et multa ordinat hec pars hujus scientie. Nam magna est hec pars secunda. Et sub hac continetur jus civile quod est in usu Latinorum. Et de hac parte philosophie fuit extractum, ut auctores docent, et patet; in hac parte philosophie docetur per causas et rationes legum; jus civile accipit [leges] (1) absolute, sine causarum et rationum sufficienti assignatione.

Nam populus laicorum non indiget ratione ad quodlibet statutum juris; sed sufficit ei scire quod ita sancitum est, et quod rationes et cause omnium sufficientes abundant apud sapientes qui sciunt juris originem. Sicut enim carpentaria utitur figuris, et angulis, et lineationibus, et causas ac rationes horum non assignat, sed geometer; sic est de jure civili Latinorum, quod fundatur super sapientiam traditam in libris philosophorum de hoc eodem jure.

Nam philosophia habet causas omnium et rationes sufficienter dare. Et quamvis carpentator causas et rationes ignoret operum quibus utitur, tamen bene scit quod recte facit, et quod opus suum potest demonstrari per causas et rationes geometrie.

Similiter hic populus utens jure scit quod recte operatur secundum ipsum, et quod omnia habent rationem et causas penes sapientes qui condiderunt et adinvenerunt primo ipsa jura.

Et ideo jus civile populi laycalis non differt a jure civili philosophico, nisi quod jus civile laicorum est mechanicum, et jus civile philosophie est sapientale, quia causas et rationes habet secum, quod jus populare non requirit. |

De tercia parte moralis philosophie. fol. 215, v.

Tertia pars moralis philosophie consistit in honestate vite cujuslibet preter observantias legis publice. Nam oportet quod homo vivat in virtute, et nitatur vicia de-

(1) Dans le ms., *leges* est omis.

clinare. Et hic docetur que sunt virtutes, et quot, et que sunt proprietates earum laudabiles, et effectus, et utilitates magne, tam in hac vita quam propter futuram, ut homines alliciantur de facili ad amorem et usum virtutum; et hec docentur per rationes vivas, et per auctoritates electas, et per exempla pulcra, et per elegantem modum scripture; ut delectatio magna oriatur in cordibus eorum qui legunt hanc partem hujus scientie. Et per oppositum exponitur que et quot sunt peccata, et que sunt male proprietates eorum, et perversi effectus, et fines mali, tam in hac vita quam futura. Et afferuntur rationes, et auctoritates, et exempla efficaciter ad ista. Et hec pars nobilis docet contemnere superfluitates divitiarum et honorum; et docet quod homo debeat uti prosperis in humilitate et modestia, et quod sit fortis et patiens in adversis; et docet quod homo debeat esse clemens ad subditos, ut in omni mansuetudine et humanitate regat eos, et pietate paterna corrigat errantes, non tirannidis crudelitate.

Unde docet quomodo prelatus ad inferiores se habeat, et quomodo princeps ad subditos; quomodo paterfamilias ad suos, quomodo magister ad discipulos se debet habere, in providentia, et regimine utili et pio, et correctione mansueta et clementi.

† Et quia hic *philosophorum* persuasio mirabilis, et utilis, et magnifica, et ignota, ideo copiosius scripsi de hac parte. Et multum debent *Christiani* confundi, quando virtutum elegantiam negligunt, quam philosophi infideles toto posse sunt experti. Et ideo utilissimum est nobis ut videamus sapientiam mirabilem quam Deus eis dedit; secundum quod dicit *Apostolus Senece* in epistola: « Preprudenti tibi revelata sunt que paucis Divinitas concessit ». Magna nobis et facilis persuasio honestatis (1) vite inducitur, cum homines sine gratia nos, in gratia nati et nutriti, videmus assecutos fuisse de

(1) Au lieu de: *honestatis*, le ms. porte: *honestate*.

vite sanctitate ineffabilem dignitatem. Scripsi igitur de virtutibus et viciis primo in universali. Secundo descendi ad quedam in particulari, propter gloriosos libros quos inveni. Tractavi igitur ea que pertinent ad mansuetudinem, et clementiam, et magnanimitatem, et de ceteris virtutibus que his conveniunt qui in potestate sunt constituti, qui sunt prelati et principes.

Cujus causa duplex fuit: Una quod libros nobiliores repperi de hac materia. Alia est quod scribo Illi qui omnibus prelatis et principibus suprafertur, et omnes habet | regere, et omnibus consulere, et cunctos redu- fol. 216, r.
cere ad regimen populi pacificum et salubre.

† Et quia vicium maxime repugnans illis qui presunt est ira, quia tollit omnem virtutem que necessaria est regimini; et ubi ira cum potestate est, omnia pereunt, ut vult Seneca, sicut scribo; et videmus propter iram cum potestate totum mundum turbari, et omnem rem publicam quassari, et omne regnum desolari, ideo scripsi abundancius de hac materia. Et non solum propter hoc, sed quia fere omnem hominem deducit hoc vicium ad perniciem, et cogit rumpere pacem cum hominibus, etiam cum amicissimis. Nam iratus non parcit patri, nec matri, nec domino, nec amico; sed omnes dehonestat contumeliis, omnes impetit injuriis, et seipsum periculis quibuslibet exponere non omittit; etiam Deum blasphemare non veretur. Hoc igitur est vicium per quod homo amittit seipsum, et proximum, et Deum. Et ideo *philosophi* scripserunt plus de hoc vicio quam de aliis. Inter quos elegantissimus Seneca conscripsit tres libros nobiles, quorum sententiam collegi diligenter addens alia de libris suis et aliorum.

Et certus sum quod non est homo mortalis tam iracundus quin abhorreret irasci, si in promptu haberet sensum eorum que scripsi. Quia tanta potestate rationum pulcrarum, auctoritatum solemnium, exemplorum sublimium vallata sunt, per *Senecam* maxime, quod omnem hominem cogerent ad mansuetudinem, et clementiam, et ad omnem humanitatem. Et hec correxi diligenter, et posui signa exterius, ut facilius electiores sententie notarentur. Deinde, intuli multa alia preclara de magnanimitate, et constantia animi, et patientia in rebus adversis, et de contemptu earum patientia, et de vite perfectione, quam Seneca vocat beatitudinem, et de tranquillitate animi obtinenda, et de multis aliis, in quibus posui sententias multorum librorum Senece, qui sunt optimi, et rarissime inveniuntur. Sed hec alias non potui corrigere propter superfluitatem occupationum. Et ideo nunc mitto exemplar correctum, ut Johannes cum suis sociis corrigat ea que remanserant incorrecta.

De 4ª parte moralis philosophie.

Quarta pars moralis philosophie est domina aliarum et melior quam omnes ille; ymo, melior (1) quam totum residuum philosophie; et ideo ei quodam speciali modo subjiciuntur omnes partes philosophie et serviuntur universaliter. Et hec est que sectas revolvit, ut tandem unam inveniat que salutem humani generis sola contineat. Philosophi vero super omnia fuerunt de hac inquisitione solliciti et totam sapientiam suam ad hanc ordinaverunt, scientes quod una debet esse que deducit hominem ad beatitudinem alterius vite; que beatitudo
fol. 216, v. est status | omnium bonorum aggregatione perfectus, omnem miseriam et adversitatem excludens. Et ad hanc sectam inveniendam, *Aristotiles* in libro suo de politica descendit, revolvens leges singularum civitatum et regionum, et fines illarum legum, ut per honestatem et utilitatem legum, et sublimitatem finis, eligat legem que excellat omnes. Nam propter finem omnis lex statuitur; et est illud quod a civibus et incolis regnorum principaliter desideratur; et hoc summum bonum qui-

(1) Au lieu de: *melior*, le ms. porte: *melius*.

libet sibi constituit, secundum cujus proprietates lex ipsa consistit. Et nos, christiani, credimus quod nostra lex sit illa sola que hominis continet finalem salutem.

Alie vero nationes negligunt nostram legem et contenti sunt aliis modis vivendi. Et certum est nobis quod errant, et tamen nos sumus pauci respectu aliarum nationum. Et pauci etiam sunt christiani qui legem Christi observant, quamvis multi habent nomen christianum. Nam quidam sunt heretici, quidam scismatici, quidam peccatores in peccatis communibus viventes, ut in luxuria, gula, avaricia et aliis, qui habent fidem extinctam et mortuam, secundum beatum Jacobum. Quidam vero sunt boni, sed imperfecte sapiunt fidei veritatem. Quidam, licet rarissimi, sapientiam legis adepti sunt, quam dicit *Apostolus* se loqui inter perfectos. Boni igitur, qui sunt in statu salutis, paucissimi respectu malorum christianorum, et nulli sunt respectu eorum qui sunt extra statum salutis, quoniam hi sunt mali christiani et omnes alie nationes infideles. Totus igitur mundus fere est in statu damnationis, indigens reduci ad legem veram. Et boni temptationibus dyaboli debellati, atque humana debilitate sepe devicti, indigent confirmari et roborari in sua lege, ut videant ne cadant in errorem. Atque cum imperfecti in statu salutis consistentes sunt plurimi respectu perfectorum, utile est et dignum ut excitentur imperfecti ad vias sapientales perfectas, ut eorum meritum crescat, et premium finaliter augeatur. Sed istis tribus utilitatibus nichil potest comparari, scilicet: Ut totus mundus ad veritatem legis, in qua sola est salus humani generis, reducatur; et quod contra omnem temptationem homines confirmentur; et quod imperfecti ad noticiam veritatis perfectam attingant. Nam hic salus totius humani generis invenitur, et damnatio eterna excluditur. Hec autem tria docet hec pars philosophie moralis. Nam non solum legem veritatis probat sine contradictione, sed sic eam docet roborare et tam perfectis sententiis

concludi, ut nullus mortalis, potestatem hujus scientie
fol. 217, r. considerans, valeat repugnare | veritati; quin etiam robur magnum capiat, ut omni temptationi resistat et efficaciter ad omnem perfectionem sapientie fidei excitetur.

Quarto etiam valet hec sapientia, ut homo fidelis habeat unde rationem reddat de fide sua, ne derideatur ab infidelibus. Beatus enim Petrus, in Epistola prima, vult quemlibet debere rationem scire proponere pro fide sua. Et quoniam auctoritas Petri non potest refelli, ideo quod dicit beatus Gregorius: « Fides non habet meritum, ubi humana ratio prebet experimentum » intelligendum: Ubi homo innititur rationi solum, vel principaliter; ut ubi homo innititur rationibus [non](1) fundatis super rationes fidei. Sed sic (2) non procedit hec persuasio quam hec scientia docet, quia nititur probare quod revelationi credendum est, quam revelationem vult potenter juvare per rationes consurgentes ex revelationis proprietate, sicut videbitur suo loco. Et ideo hec scientia, que hec quatuor dat, est nobilior, et pulchrior, et melior aliis. Et oportet quod omnium scientiarum virtutem in suum usum requirat, ut ei serviant in omni sapientie potestate, tam in operibus sapientie quam in ipsis virtutibus speculativis. Et ideo comprehendit in se omnium dignitatem.

Ad hanc vero persuasionem secte fidelis due vie sunt: Una per miracula, de quibus nullus potest presumere, quia supra nos est hoc genus persuadendi, et non est in hominis potestate. Et ideo cum Deus vult omnes homines salvos fieri, neminem vult perire, et sua bonitas est infinita, semper relinquit aliquam viam possibilem homini, per quam excitetur ad inquisitionem sue salutis; quatinus qui hanc viam velit considerare, habeat posse ad hoc, et ut per eam excitatus, videat manifeste quod debeat querere ea que ultra hanc viam requiruntur, quatinus sciat per hanc quod revelatio ei necessaria est, sicut cuilibet et toti mundo.

(1) *Non* est omis dans le ms.
(2) Au lieu de: *sic*, le ms. porte: *sit*.

Unde usque ad hunc gradum veritatis de se pervenire potest omnis homo, sed non ultra. Et ideo bonitas divina ordinavit revelationem fieri mundo, ut humanum genus salvetur. Ceterum via que precedit revelationem data est homini, ut etiam justo judicio damnetur finaliter qui illam non vult considerare, neque querere veritatem pleniorem. Unde *Apostolus* dicit ad Romanos quod omnes inexcusabiles sunt, si negligant veritatem Dei, quia omnibus in universali eam revelavit, et per hanc revelationem universalem possunt conjicere, quod ei servientibus juxta revelationem universalem non denegabit specialem revelationem, que sufficiat ad salutem. Hec igitur via, que revelationem precedit specialem, est sapientia philosophie quia | hec fol. 217, v.
sapientia sola est in potestate hominis, supposita tamen quadam divina illustratione, que omnibus communis est in hac parte. Quia Deus est intellectus agens in animas nostras in omni cognitione, ut prius ostensum est. Et hoc philosophi morales docent. Nam considerationem de probatione secte deducunt usque ad revelationem specialem, et ostendunt quod revelatio necessaria est, et a quo debet revelari, et cui. Nec mirum si sapientia philosophie est hujusmodi, quia hec sapientia non est nisi quedam generalis revelatio facta mundo, quia omnis sapientia a Deo est, ut prius dictum est et ostensum, precipue in parte secunda Operis majoris, et tactum est in hoc Opere. Sed tamen nos sumimus revelationem specialem, cum dicimus preter philosophiam haberi revelationem.

Modum autem philosophie in hac inquisitione secte fidelis descripsi sub compendio in Opere majori. Et ibi dixi quod hec persuasio primo debet fieri sapientibus qui sunt in consiliis principum et vulgi; quibus sapientibus cum persuasum sit, jam in eis persuasum est principibus et populo, quia talium sapientium consiliis principes et populi diriguntur. Et ideo hec persuasio sapientialis non vulgaris, sed plena omni sapientie potestate, cum magna tamen facilitate persuasionis, apud illos qui in sapientie magnalibus sunt fundati. Posui igitur in universali hanc persuasionem, et in summa; quia hic sufficit ad intentionem quam hec scripture preambule requirunt. Et tamen multiplex probatio inducitur; sed plenior potest afferri, cum fuerit opportunum.

Et primum quod ad hoc requiritur est quod videantur que sunt secte, et quot principales, in hoc mundo, ad quas tam multitudo quam persona quelibet inclinetur. Hoc enim necessarium est ut certitudinaliter ea que prevalet eligatur.

Sunt autem sex secte, et non possunt esse plures, usque ad sectam Antichristi. Et divisio sectarum accipitur tripliciter: Uno modo, a parte finium suorum; nam qualis est finis, talis est secta. Fines vero simplices sunt sex, scilicet: voluptas, divitie, honor, potentia, fama nominis, et felicitas vera alterius seculi. Et his finibus simplicibus respondent leges sex simplices. Sed fines compositi sunt plures. Nam unus componitur ex omnibus (1) his, (2) alius ex paucioribus secundum combinationes varias; et *Aristotiles*, in politica sua et in scientia legum, revolvit has leges simplices et compositas, ut destruat eas que male sunt, et unam, que perfecta est, certificet. Et *Alpharabius*, in libro de scientiis, et *Avicenna*, in radicibus moralis philosophie, et tota familia Aristotilis eum exponit et conformat in hujus legis certificatione.

Alia divisio legis penes nationes invenitur. Nam nationes que notabiliter differunt in ritu sunt sex:

Ut pagani,
ydolatre,
Tartari,
Sarraceni,
Judei,
Christiani. |

---

(1) Au lieu de: *omnibus*, le ms. porte: *hominibus*.

(2) Ici, le ms. marque un alinéa.

Tertia divisio est penes virtutes planetarum, que mundum hunc alterant in omnibus naturalibus proprietatibus, et complexiones hominum singulorum causant, et per consequens excitant quemlibet ad consuetudinem et ad sectam aliquam, licet non cogant, sicut prius satis dictum est et verificatum in Opere majori, ut in omnibus salvetur libertas arbitrii, licet fortiter inclinetur et excitetur mens humana per complexiones alteratas ex virtutibus stellarum, quatinus velit sequi complexionem et illas virtutes, sed tamen gratis, salva pre omnia arbitrii libertate. Hoc quia expositum est sufficienter in aliis, nunc supponatur. Secundum hec igitur, philosophi investigaverunt sectas sex ex conjunctione Jovis cum ceteris planetis, et appropriaverunt eas predictis gentibus, secundum pulchras rationes, ut exposui in quarta parte, ubi comparavi mathematicam ad Ecclesiam, propter gloriosam conformationem fidei christiane, quam astronomi vocant mercurialem, ex conjunctione Jovis cum Mercurio; non quod a planetis causetur, sed sunt signa; nec quod homines fiant christiani per virtutem planetarum, sed per Dei gratiam. fol. 218, r.

Sicut enim facta Hebreorum fuerunt signa hujus legis christiane, sic et celestia, ut tota creatura attestetur huic legi imperiali.

Sicut stella in ortu Domini apparuit, non ut causa, sed ut signum. *De stella apparente in ortu Dei.*

Similiter gratia Dei facit christianos, sed tamen nichilominus complexiones hominis excitant eos ad diversos mores et leges.

Et quidem ex complexione sua facilius recipiunt aliquam legem, et firmius adherent; unde complexio cooperatur gratie Dei; sicut videmus quod aliqui ex bonitate complexionis sunt benigni et pacifici, et illi ex bonitate complexionis servant facilius pacem suam et aliorum, quam gratia Dei facit principaliter.

Sed rationes harum divisionum trium date sunt in Opere primo, et maxime illius que fit per Astronomiam, tamen quia pulchrior est et magis extranea. Item assignata est ibi comparatio harum sectarum, quomodo sibi ad invicem correspondent juxta proprietates suas; ut numerus sectarum et ratio cujuslibet plenius videatur.

Revolutis his sectis, consequenter descendi ad electionem illius que tenenda est. Et quia omnis secta Deum ponit et cultum ejus, et quantum de Deo sentit, tantum habet de veritate; (1) ideo prima consideratio est in hac parte ut stabiliatur veritas universalis circa esse Dei, quatinus in summa sciantur proprietates divine. In quibus omnis homo, recepta persuasione, certa habet de facili concordare.

Nam speciales veritates circa esse divinum, ut quod sit trinus in personis, scilicet Pater, et Filius et Spiritus sanctus, et quod Filius sit incarnatus, et hujus fol. 218, v. modi, | non debent hic tractari, nec requiruntur hic, sed inferius habent explicari suo loco.

† Probavi igitur quod nullus sapiens potest negare quin Deus sit causa prima, ante quam non est alia, que semper fuit, et semper erit; habens infinitam potentiam et essentiam, et infinitam bonitatem, et sapientiam infinitam; qui creavit omnia, et gubernat, et cuilibet rei tribuit sue bonitatis influentiam secundum quod capax est; qui est unus solus, extra quem non est alius; qui est benedictus in secula seculorum. Persuasiones igitur faciles ad has proprietates divinas induxi, quibus tamen alie multe possunt multipliciter addi cum fuerit opportunum.

Deinde, ex hac radice processi ad hoc quod oportet ut homo faciat voluntatem Dei.

Et primo propter infinitatem majestatis, que intelligitur ex infinitate potentie et essentie. Unde propter infinitatem majestatis, debetur ei reverentia infinita.

Et secundo similiter, propter infinitatem bonitatis, debetur ei devotio infinita.

(1) En cet endroit, le ms. marque un alinéa.

Et 3°, propter infinitam sapientiam, debetur ei contemplatio infinita. Et hec tria, scilicet reverentia, devotio et contemplatio, sunt tres radices cultus divini.

Quarta vero ratio, quare ei sinceritas cultus debeatur, est propter beneficium creationis.

Quinta propter beneficium conservationis in esse nature.

Et sexta est propter beneficium future felicitatis, quam promittit obedientibus ei.

Septima est quod non obedientibus ei minatus est penam. Et induxi auctoritates philosophorum ad hoc, et rationes per immortalitatem hominis futuram, tam in corpore quam in anima.

Et cum oporteat hominem facere voluntatem Dei, necesse est quam eam cognoscat. Sed ostendi quod homo de se non potest scire voluntatem Dei, nec debet velle per se certificari. Et ideo oportet quod Deus revelet homini voluntatem suam. Et hic est pulchra consideratio, et salubris, et efficax. Nam diversitates (1) sectarum in humano genere ostendunt quod homo non potest de se venire ad veritatem, et quod (2) errat in noticia creaturarum sensibilium, et non potest minimam creaturam cognoscere ut oportet. Et hoc dicunt Aristotiles, et Avicenna, et Alpharabius, et omnes philosophi. Quoniam intellectus humanus se habet ad divina sicut oculus vespertilionis ad lucem solis, secundum Aristotilem; et secundum Avicennam, sicut surdus a nativitate ad delectationem armonie; et secundum *Alpharabium*, sapientissimus homo in sapientia humana se habet ad sapientiam Dei, sicut puer indoctus ad sapientissimum hominem. Et multa inferunt propter que oportet quod fiat revelatio secte. Et si homo posset hoc scire per se, adhuc non deberet hoc velle; ymo, deberet erubescere velle de his propria auctoritate inquirere et certificare, propter | hoc quod Deus auctor ista- fol. 219, r.

(1) Au lieu de: *diversitates,* le ms. porte: *diversitas.*

(2) Au lieu de: *quod,* le ms. porte: *quia.*

rum veritatum, qui in infinitum excedit dignitatem hominis; et quia hec que ad sectam pertinent sunt infinite dignitatis, ut ea que de Deo credenda sunt, et de vita futura, et hujusmodi, et ideo homo debet se omnino reputare indignissimum ad certificandum de his.

Et propter hoc tertio concluditur quod Deus revelavit hec, quia sua majestas infinita requirit ut ei serviatur per notitiam sue voluntatis factam homini. Et ideo si per hominem fieri non potest, oportet quod sit per ipsum Deum. Et similiter sapientia divina, que est infinita, hoc requirit. Nam infinitas sapientie non posset pati deordinationem creature respectu Creatoris, scilicet quod non serviret ei. Et ideo oportet quod Deus revelet, cum aliter fieri non posset. Et bonitas infinita hoc idem concludit, quia si creatura non servit Creatori, cum teneatur ad hoc multipliciter, oportet quod puniatur infinita pena, et careat bono vite eterne infinito, ut prius habitum est (1). Cum ergo homo non potest de se scire qualiter Deo serviat, non sustinebit divine bonitatis pietas infinita quod homo sic invitus et ignorans confundatur.

Et post hoc consideravi, quod cum revelatio secte fidelis debet a Deo fieri, tunc fiet solum uni legis latori perfecto, qui presit mundo sub Deo, et qui de successore suo perpetuando ordinet necessario. Nam aliter hereses et divisiones fierent, et quilibet legis lator suam legem zelaret, et populus ei subjectus [erraret] (2).

Item unus est Deus, et humanum genus est unum. Ergo sapientia Dei revelata homini erit una, et per unum communicanda mundo.

Item, in omni genere est unum ad quod omnia reducuntur, ut Aristotiles dicit, et omnis multitudo ab unitate procedit.

Item cum secta a Deo alicui revelata sit perfecta, ergo illa sufficit, et unus legis lator sufficit, cui omnes

(1) En cet endroit, le ms. porte un alinéa.

(2) *Erraret* n'est pas dans le ms.

subjiciantur. Ergo non debent esse plures. Consequentia hec patet ex octavo phisicorum. Et hoc est quod Avicenna et Alpharabius pulchre docent. Atque (1) illi credendum est sine dubitatione quando fuerit probatum quod ipse receperit legem a Deo.

Et cum ista sint (2), tunc investigavi modos quibus certificetur legis lator verus et perfectus. Et processi sic :

Primo convincens sectam paganorum et ydolatrarum, propter multitudinem deorum, et quia creaturas colunt, et hec prius reprobata sunt ; et similiter per communem consensum aliarum sectarum, quia sicut Imperator Tartarorum fecit ante se constitui christianos, Sarracenos et ydolatras, et confusi sunt ydolatre.

Nam secta Tartarorum, et omnis alia a duabus, | ponit unum Deum verum in celis, qui creavit omnia, fol. 219, v.
et cui serviendum est. Et etiam licet Tartari unum Deum colant, tamen declinant ad ydolatriam in duobus articulis, quia ignem colunt, et limen domus, ut exposui. Et non habent sacerdotes, nisi philosophos, et credunt quod philosophia sit vera secta. Sed probavi quod non. Et ipsi inclinant ad sectam christianorum recipiendam, sicut explicavi. Et patet satis quod (3) hee tres secte nulle sunt. Sed alie tres sunt magis rationabiles, scilicet lex Christi, lex Moysis, et lex Machometti.

Sed primo patet quod philosophia dat testimonia pro lege Christi preclara, et magis laudat eam, ut patet ex his que exposui in parte Mathematice comparata ad Ethicam. Nam ibi reperitur per Astronomie potestatem quod nobilior est lex christiana, et ideo preferenda. Sed una tantum debet esse secta salutis, ut hic exposui. Ergo illa erit christiana. Item philosophia revolvit omnes articulos secte nostre, sicut declaravi in prima parte moralis philosophie, et ponit Christum

(1) Au lieu de : *Atque,* le ms. porte : *Et qui.*

(2) Au lieu de : *sint,* le ms. porte : *sit.*

(3) Au lieu de : *quod,* le ms. porte : *que.*

Deum esse et hominem. Sed philosophia non dat articulos aliarum sectarum. Com ergo philosophia sit previa secte, et ad eam terminatur, et disponit per veritates consimiles, et investigat, oportet quod secta Christi sit illa quam philosophia nititur stabilire. Et hoc patet evidenter, cum ponat Christum Deum esse et hominem. Sed si Deus est, lex ejus sola tenenda est.

Ceterum philosophia non solum dat testimonium legi christiane, et veritates illius legis tangit, sed reprobat alias duas, sicut patet per Senecam in libro quem fecit contra Judeorum ritum; et per Avicennam qui redarguit Machomettum, quod non posuit gloriam anime, sed corporum; et *Albumasar* qui precise determinat destructionem istius legis et ponit annum.

Item per Sibillas patet quod lex Christi sola est. Nam illa tangit articulos fidei nostre, et ponit Christum esse Deum, et omnes nationes dant reverentiam dictis Sibillarum, quia patet quod divinam revelationem habuerunt, et non per humanum sensum. Ergo cum Christus sit Deus secundum eas, ejus sola lex habenda est.

Postea descendi ad leges magis in particulari. Nam *De secta Judeorum.* secta Judeorum non habuit finem in Moyse, sed expectant Messiam; sed hic est Christus. Quod declaravi per prophetam *Danielem,* Esdram, et per testamenta patriarcharum. Et respondi ad objectionem de libris apocriphis, et per *Josephum* manifeste. Et per hoc quod in tempore Christi cessavit sacerdocium eorum, et regnum, sicut promissum est eis. Et si bene consideremus Scripturam, inveniemus quod secta Judeorum, prout fuit in visu eorum ad litteram, fuit secundum se irrationabilis, et abhominabilis, et importabilis, et ideo fol. 220, r. displicens, sicut | ex multis locis patens est, et tetigi in Opere majori. Et etiam non promittit ad litteram et secundum sensum vulgi, nisi principaliter terrena, et temporalia, et corporalia; sed lex vera transmittit nos ad spiritualia, et ad celestia, et eterna, ut patet ex predictis. Manifestum est igitur quod hec lex Judeorum litteralis non est comparanda legi christiane, sed ei cedit. Ergo christiana lex tenenda est, quantum est ex hac parte.

† Similiter vero contingit, in particulari descendente ad legem Machometti. Nam Machomettus docet Christum natum de Virgine, afflatu Spiritus sancti; et prefert eum super omnes prophetas. Cum ergo una lex sit tenenda, et unus legislator, ut prius probatum est, tunc melior est tenendus, et hic est Christus.

Ceterum philosophia non dat testimonia huic secte; ymo, reprobat eam, sicut patet per *Avicennam* in radicibus moralis philosophie, et per alios.

Item dicunt quod contestantur quod deficiet, et ponunt tempus determinatum ad hoc, ut superius annotavi et in Operibus expressi.

Item hic legis lator fuit adulter vilissimus et fornicator, sicut patet in *Alcorano*. Sed adulterium et fornicatio sunt contra jura nature, et contra omnem legem Sarracenorum, et contra philosophiam, sicut Avicenna docet in tractatu memorato.

Sed si descendamus interius ad has sectas, inveniemus majorem evidentiam. Et oportet tunc in primis statuere ut concedantur concedenda, et negentur neganda, ex omni parte. Omnes autem nationes, et gentes, et leges fundantur super historias famosas apud quamlibet gentem. Si ergo volumus uti historiis nostris pro lege nostra, oportet nos in disputatione supponere historias aliorum. Et hoc facto, considerabimus que sunt in historiis legalibus vulgata apud Christianos, et Judeos, et Sarracenos; et inveniemus quod oportet Christum preferri, et legem suam solam teneri. Nam si nos concedamus historias eorum, concedent nostras. Sed tunc poterimus per dignitatem legis latoris, et per dignitatem legis, et per testimonia, et miracula, et multis modis probare quod lex christiana sola tenenda est. Concedamus igitur quicquid ipsi habent ex historiis suis, ut ipsi concedant nostras, et dicamus quod nostra historia evangelica dicit, quod nullus surrexit major *Johanne*

Baptista, ergo nec *Moyses.* Et cum eadem historia dicat quod Johannes non fuit dignus solvere corregiam calciamenti Christi, tunc nec Moyses, nec Machomettus potuerunt Christo comparari.

Item *Alpharabius* in moralibus docet modos multos probandi sectas, et unus est quod legis lator perfectus debet habere testimonium precedentium prophetarum et subsequentium. Sed omnes prophete priores perhi- fol. 220, v. bent testimonium *Christo,* et non *Moysi,* | nec Machometto, ut exposui. Similiter posteriores ei. Nam ipse Machomettus, qui fecit se vocari prophetam, perhibet testimonium de eo, quod et Isaias, scilicet quod Virgo concipiet Filium. Sed et omnes sancti qui post Christum fuerunt, qui spiritum prophetie habuerunt, quibus sanctis credendum est propter sex rationes magnas, ut explicavi, quibus rationibus nullo modo potest fieri contradictio. Deinde hoc idem probatur per secundum modum Alpharabii, qui est per opera miraculorum. Nam ex Johannis ultimo patet quod mundus non potuit capere miracula Christi. Et Historia evangelica narrat quod dimisit peccata; sed hoc est majus quam sanare corpora. Et huic annexum est quod est Deus, quia solus Deus potuit dimittere peccata, et nullus ignorat. Et tota Historia evangelica, et omnes sancti prophete priores et posteriores confitentur ipsum esse Deum, sicut exposui. Sed historie Moysi et Machometti non habent hujusmodi pro illis. Deinde per articulos legum potest idem probari. Multa peccata conceduntur apud legem Machometti et Moysi propter duritiem (1) populi; et nulla vite perfectio.

Nam nec virginitas, nec paupertas, nec obedientia perfecta, que sunt tres articuli perfectionis, reperiuntur apud Moysen et Machomettum. Et iterum, quod certificatur de Deo, et de divinis, et vita futura, habetur solum ex articulis legis christiane, sicut patet ex Symbolo (2), et ex aliis. Sed sic non est in legibus aliorum.

---

(1) Au lieu de : *duritiem,* le ms. porte : *duriciam.*

(2) Au lieu de : *symbolo,* le ms. porte : *cimbalo.*

Et postquam hec tractavi, tunc inveniebam quomodo omnes articuli, quantumcumque graves et difficiles, possunt probari. Et descendi specialiter ad unum articulum, qui est difficilior omnibus, et cui magis contradicitur ab hereticis et infidelibus, et quem minus perfecte sentiunt illi qui sunt in statu salutis, et in quo humana fragilitas magis temptatur. Et est de Sacramento altaris. In quo Dominus Jesus est in vera humanitate, sicut in divinitate sua, vere Deus et homo.

Sed hoc primo probatur, quia est pars legis Christiane, que jam probata est.

Secundo habet speciales modos, sicut et tota lex. Nam per Scripturam sacram; et per omnes sanctos; et per consensum omnium doctorum catholicorum Parisius, et alibi; et per miracula infinita hoc probatur. Et addidi duo magna miracula, que temporibus meis contingerunt.

(*Dans la marge inférieure:*

probatio Sacramenti altaris	per totam legem jam probatam.
	per Scripturam.
	per sanctos.
	per doctores catholicos.
	per miracula.
	per rationes).

Deinde descendi ad rationes varias. Nam sicut se habet Creator ad creata, sic Recreator ad recreata. Sed ex majestate Creatoris est ut sit presens omni creature. Ergo ex majestate Redemptoris est ut cuilibet redempto, qui suam gratiam habet, sit presens. Sed non alibi hoc est quam in isto Sacramento.

Et iterum, ex bonitate ejus infinita debet humano generi hoc beneficium communicari. |

† Deinde ex necessitate nostra. Nam sicut creatura stare non potest, sed cadere in nichil, nisi adesset presentia Creatoris, sic oportet quod recreatum deficiat, quantum ad esse gratie, nisi manu teneatur presentia Redemptoris. Et sicut pro peccato originali oblatus est fol. 221, r.

in cruce, sic quotidie oportet pro peccatis actualibus ut per eamdem Hostiam satisfiat Deo Patri. Et sicut dedit se discipulis suis in hoc Sacramento, sicut oportet quod nobis detur; nam tantum indigemus et sub eadem lege constituti sumus. Et multa explicavi, que non solum faciunt ad veritatem fidei, sed ad summam felicitatem. Nam ostendi quod hoc Sacramentum est in fine glorie, et in fine salutis, et in fine pulchritudinis. Et hoc non solum quantum ad rem contentam, sed quantum ad modum adveniendi, et existendi, et quantum ad usum et modum utendi. Et exprobavi infamiam mentis humane, que negligit hanc sacratissimam veritatem que est decus universi, salus mundi et pulchritudo creature totius. Et explicavi causas quare homines magis vacillant hic quam alibi, et [que] (1) sint remedia in hac parte.

De quinta parte philosophie moralis.

Terminata parte quarta moralis philosophie, addidi de quinta; et est quomodo debet fieri persuasio debita et efficax, post legem debitam, quatinus opere compleatur. Nam fides sine operibus mortua est. Et ibi explicavi argumenta quibus moralis philosophia utitur, et theologia, in hujusmodi persuasione. Et exposui quod quatuor sunt genera arguendi veridica, de quibus tetigi in parte prima Mathematice. Nam duo sunt ad intellectum, ut dyalecticum et demonstrativum, et duo secundum affectum, scilicet rhetoricum et poeticum. Et duo prima solum extant ad noticiam veritatum, et hoc est in speculativis scientiis. Alia duo ad amorem veritatis vite, et ad noticiam similiter, que longe meliora sunt primis, sicut virtus et felicitas meliores sunt scientia, et intellectus operativus melior est speculativo.

† Sed quia libri *Aristotilis* non sunt in usu artistarum Latinorum, ideo non sunt hec argumenta

(1) *Que* n'est pas dans le ms.

nota neque theologis, neque philosophis. Cum tamen moralis philosophia, et Sacra Scriptura, et omnes libri sanctorum pleni sunt istis argumentis, et ideo magnum damnum est de ignorantia istorum argumentorum.

† Et quia hic exigitur tota rhetorice potestas, ideo consideravi genera stilorum, secundum quod dicitur humilis, mediocris et grandis; et quibus modis fiunt; et qualiter sunt in visu moralis philosophie. Et quia omnia que tracto sunt propter theologiam, quia utilitas philosophie non est nota, nisi prout deservit sapientie Dei, ut sepe dixi, ideo elevavi hec argumenta | et stilos fol. 221, v.
in quibus fiunt ad divina. Et ostendi per Augustinum quarto de doctrina christiana, quod longe excellentius sunt hec omnia in Sacra Scriptura, et in usu prophetarum, et apostolorum, et Domini Salvatoris, quam in usu philosophorum. Et tetigi (1) qui modi persuasionis adduntur in divinis super modos philosophicos.

† Et tandem in fine innuebam ad partem philosophie moralis ultimam, que est de causarum et controversiarum excussione, coram judice, inter partes; et excusavi me ab expositione istius partis.

† Et sic terminatur tota intentio Operis principalis.

[De Opere minori] (2).

Deinde cogitavi Opus aliud premittere Vestre Sanctitati, in quo redderem rationem totius Scripti nunc discussi, ut per Vestras sollicitudines, brevius intentionem totius Vestra Beatitudo videret; et si forsan propter viarum pericula amitteretur Opus majus, hic videretur pondus illius negotii, et laborem meum, et quid a me, vel ab alio, Vestra Dominatio debeat postulare; ceterum, ut aliqua adderem, de quibus aut in alio non cogitavi, aut propter ejus magnitudinem et propter alias causas gratis omisi.

(1) Au lieu de: *tetigi*, le ms. porte: *tetegi*.

(2) Ce titre n'est pas dans le ms.

† Addidi igitur aliqua in principio, que in hoc Opere exposui. Deinde, enumerando partes istius Operis majoris, inserui in parte mathematice multa de noticia celestium, secundum se, et secundum comparationem ad hec inferiora que generantur per eorum virtutes, secundum diversas regiones et, in eadem regione, in diversis temporibus; et hoc est unum de majoribus que scripsi.

† Deinde, completa partium Operis majoris enumeratione, quia sexta scientia est Alkimia, que utilis est valde, et est de majoribus scientiis, ideo posui eam sub forma philosophorum in enigmatibus, promittens quod exponerentur ea, in sequentibus, suo loco.

† Post hec descendi ad peccata studii, et ejus remedia, et in sexto peccato manifestando, descendi ad generationem rerum ex elementis, et texui illam totam, usque ad generationem animalium et plantarum. Et diligentius hanc partem tractavi, quia hic aperiuntur magnarum scientiarum radices, scilicet naturalis Philosophie, Medicine et Alkimie. Et res maxime hic continentur; nam per eas certificatur non solum status innocentie, quantum ad complexiones et causas immortalitatis, que potuit fuisse in primis parentibus, et in omnibus, si non fuisset peccatum; iterum status corporum immortalium post resurrctionem. Et ex his extrahuntur cause prolongationis vite humane, et remedia contra infirmitates omnes. Et hic habetur multum de expositione enigmatum alkimisticorum, que prius tacta sunt. Et texui generationem humorum ex elementis, et omnes differentias eorum, et ostendi qui sunt inequales,
fol. 222, r. et quo modo | fiunt; et qualiter equalitas potest esse in humoribus, et hoc est secretum secretorum; et qualiter inanimata generantur ex humoribus, et omnia.

† Et specialiter descendi ad generationem metallorum, quia hec requiritur specialiter in sexto peccato studii, et tetigi naturas essentiales omnium, et proprietates eorum, et effectus; et maxime de auro, qui hoc fuit magis conveniens exemplum ad propositum.

† Et tunc comparavi hoc expositioni Sacre Scripture cum sua expositione. Et hec que tetigi de ipsarum rerum generatione sunt de majoribus et melioribus que sciri possunt, tam pro speculativo quam pro practicis, et habent magna secreta, si bene intelligantur.

† Deinde, revolutis peccatis studii, descendi ad remedia, ostendens per quos, et quibus auxiliis et expensis, et quibus modis debet fieri utilitas infinita, non solum pro Vestra Beatitudine, sed si vultis, poterit tota multitudo studentium rectificari, ut per consequens Ecclesia Dei et Respublica fidelium dirigatur in omne bonum, per exclusionem cujuslibet mali, et quatinus pronaretur (1) conversio infidelium (2), et obstinati magnifice reprimantur.

† Et sic terminatur intentio Operis utriusque.

De enigmatibus Alkimie.

Quoniam vero non expressi sufficienter enigmata Alkimie, ut promisi, ideo hic, ut Scripto dignum est, et decet, intendo addere aliqua ad ea que in aliis Operibus sunt transcripta. Ceterum, cum de rebus principalibus scripsi, scilicet de celestibus, de locis mundi, de generatione inanimatorum, volo hic inserere de ceteris que omissa sunt.

Secreta vero Alkimie sunt maxima. Nam non solum valent ad omnem abundantiam rerum procurandam, quantum mundo sufficit, sed illud idem quod potentius et efficacius perageret opera Alkimie potest in prolongatione humane vite, quantum sufficit homini. Hoc autem alkimista preparat; sed experimentator imperat hic alkimiste, et novit uti eo, sicut navigator imperat carpentatori (3) de navis fabricatione, et eo (4) scit uti.

(1) Au lieu de: *pronaretur*, le ms. porte: *proniretur*.
(2) Au lieu de: *infidelium*, le ms. porte: *fidelium*.
(3) Au lieu de: *carpentatori*, le ms. porte: *carpentori*.
(4) Au lieu de: *eo*, le ms. porte: *ea*.

† Quoniam igitur opera hujus scientie continent maxima secreta, ita etiam ut secretum secretorum attingant, scilicet illud quod est causa prolongationis vite, ideo non debent scribi in aperto, ut scilicet intelligantur, nisi ab eis qui digni sunt. Cum enim Alexander Macedo requisivit *Aristotilem* super his, et reprehenderit eum, quod hoc occultaverit ab eo, respondit Princeps philosophie in libro secretorum, quod esset fractor sigilli celestis, si hec revelaret indignis. Et ibi tacens de hujusmodi, ut occultaret legentibus, alibi scripsit ea que voluit, sed obscurissime, ita ut nullus, nisi ab ore fol. 222, v. ejus | edoctus, aut alio, possit eum intelligere. Dicit enim suo loco: « O Alexander, volo tibi ostendere secretorum maximum, et divina misericordia juvet te ad celandum archanum, et ad perficiendum propositum! Accipe igitur lapidem, qui non est lapis; et est in quolibet homine, et in quolibet loco, et in quolibet tempore; et vocatur ovum philosophorum, et terminus ovi. Divide igitur ipsum in quatuor, scilicet terram, aquam aerem, ignem. Et cum hoc disposueris, vivificabis, et albificabis, Domino concedente ».

† Quadriga una non portarent libros Alkimie, quorum tamen omnium virtus in his paucis verbis continetur; et ideo est obscuritas infinita. Unde Avicenna dicit in scientia majori Alkimie quod Aristotiles nimis occultavit hanc scientiam. Et non est mirum. Quia primo rerum majestatem minuit, qui mistica vulgat; nec manent secreta quorum turba sit conscia. Deinde stultum est asino prebere lactucas, cum ei sufficiant cardui. Tertio vulgus et capita ejus nesciunt uti rebus dignis, sed omnia convertunt in malum; nam unus malus homo, si sciret hec secreta, posset totum mundum conturbare. Et ideo archana sapientie semper sunt apud sapientes occultata, et sic scripta, quod vix sapientissimi cum magno studio possunt horum noticiam investigare. Hoc enim Deus ordinavit et inspiravit omnibus quibus dedit hec secreta; et quilibet eorum

percipit manifeste quod non sunt communicanda propter causas dictas. Et ideo non debeo contra voluntatem Dei et documenta sapientium hec sic scribere, ut intelligantur a quocunque.

Scripsi tamen in tribus locis Vestre Glorie de hujusmodi secretis. Nam in Secundo opere, scripsi primo de Alkimia practica sub enigmatibus, more philosophorum, inferens enigmata eorum, et inserens aliqua alia secundum quod posteriores ea libertate utuntur qua priores.

Deinde, multa scriptura revoluta, texui radices Alkimie speculative, in sexto peccato studii Theologie; et ibi continentur multa que valent ad intellectum precedentium, sed non sufficiunt.

Tertium autem Scriptum misi de manu mea per Johannem, ut Vestre Glorie transcriberetur; et ibi, licet sit occultatio multiplex, tamen non est per verba enigmatica, nam illa expono multum, sed est per modum magis philosophicum et sapientialem. Nam quia communicant (1) in radicibus naturalis Philosophia, Medicina et Alkimia, ideo simulavi me tradere radices has tanquam essent solum naturalia et medicinalia, cum tamen sint alkimistica, et pro talibus ea introduxi. Et ille tractatus est valde utilis pro naturalibus et medicinalibus questionibus magnis, circa digestiones et humores, et circa multa. Sed in principio pono enigmata, et postea expono ea per viam dictam, ita quod nullus, nisi sapientis- | simus, hoc valeat percipere. Nunc vero fol. 223, r
intendo aliqua explicare que prius non sunt plana.

Et gratis tot scripturas variavi propter duas causas. Principalis est ut Vestre Sanctitati possem aperire hec magnalia, sicut possibile est et decet ad hoc tempus.

Secunda est, ut ab aliis celentur. Nam vix cadent hec quatuor scripta in manu alicujus; et non curo si unum, vel duo, vel tria videat quicunque; quia, nisi quatuor diligenter attendat, nichil poterit de maximis

(1) Au lieu de: *communicant,* le ms. porte: *communicat.*

secretis intelligere. Et quia possibile est per aliquod infortunium quod omnia quatuor deveniant in manus alterius, ideo oportet, justo Dei judicio, et omnium sapientium consilio et exemplo, quod adhuc sic scribam quod vive voci aliqua reserventur; quia nunquam habita est completa scriptura de his, nec unquam fiet, cum non possit fieri, nisi per homines scientes hec, qui, cogente conscientia, semper occultabunt aliqua que necessaria sunt in hac parte. Et hoc precipue necessarium est ad [hoc] (1) tempus, propter viarum discrimina, que multipliciter sunt timenda. Etiam abhorreo scriptori, quantumcumque michi familiari et securo, tradere planum et perfectum de istis tractatum; quamvis qui hoc scripsit sit secundum cor meum.

De expositione enigmatum Alkimie.

Expositio igitur enigmatum universalis est hic primo necessaria.

† Dicunt igitur philosophi quod sunt corpora, et spiritus, et planete, et lapides, et multa.

† Corpora vero sunt ea que ab igne non fugiunt, nec evaporant in summum, ut sunt metalla, et lapides proprie sumpti, et alia solida.

† Spiritus vero dicuntur que evolant ab igne, ut argentum vivum, sulphur, sal ammoniacum, et auripigmentum, quod est arsenicum.

Planete sunt metalla, secundum quod *Avicenna* primo libro de anima, id est in scientia Alkimie majori, dicit.

Nam plumbum dicitur Saturnus;
Stannum (2), Jupiter;
Ferrum, Mars;
Aurum, Sol;
Cuprum, Venus;
Vivum argentum, Mercurius;
Argentum, Luna.

(1) *Hoc* n'est pas dans le ms.

(2) Au lieu de: *stannum,* le ms. porte: *stagnum.*

Quocumque alio modo inveniatur scriptum in libris, est vicium scriptoris, vel translatoris, vel occultatio. Nam aliquando invenitur quod es comparatur Marti; sed falsum est.

Nam es non est nisi cuprum coloratum per pulverem calamine.

Et similiter auricalcum et electrum fiunt de cupro per eundem pulverem, vel per pulverem tutie, sicut declaravi in Opere secundo.

† Et argentum vivum vocatur aurum vivum, sicut sepius *Avicenna* abutitur isto verbo.

Aurum etiam aliquando designatur per lapidem, vel per corpus Hiberi fluminis, vel Pactoli, vel Tagi, vel alterius; quia in istis reperiuntur grana auri.

Et quia Hibernici dicuntur ab Hibero fluvio in regno Castelle, quia ibi sederunt per trecentos annos, postquam exiverunt de Egypto, mortuo Pharaone in Mari rubro, antequam | Rex Anglie dederat eis Insu- fol. 223, v.
lam Hibernie, ut historie certe narrant, ideo aurum vocatur corpus Hibernicum, vel lapis Hibernicus, vel aliquod tale.

† Et argentum vocatur mergarita, propter coloris candorem; et unio dicitur, quia mergarita et unio idem sunt, ut docet Solinus libro de mirabilibus mundi. Nam mergarita dicitur unio, quia numquam nisi una simul et semel generatur in concha marina. Conche enim se naturaliter aperiunt ad rorem celi accipiendum; et una gutta roris accepta, claudit se, et sua virtute coagulat guttam in unionem seu mergaritam. Vocatur etiam argentum Anglia, quia ibi abundat argentum. Similiter et aurum minus ruffum vocatur Anglia, quia ib oritur. Et aurum bonum dicitur Hispania, vel Apulea, vel Polonia, vel alia regio ubi aurum bonum abundat.

Rubificare est facere aurum, et albificare est facere argentum. Et convertere Saturnum in Solem, vel in Hispaniam, vel Apuleam, vel Poloniam, est facere aurum de plumbo. Et convertere Venerem in Lunam, vel in Angliam, est facere argentum de cupro. Quia aurum habet fieri de plumbo et argentum de cupro. Medicina, vel medicina laxativa, vocatur que, projecta in plumbum liquatum, convertit illud in aurum; et cuprum convertit in argentum. Et hoc vocatur elixir in omnibus libris. Majus opus dicitur quando fit aurum, minus quando fit argentum. Item minus opus vocatur quando una libra medicine convertit decem, vel viginti, vel trigenta, vel usque ad centum libras metalli vilioris in nobilius; et majus opus est, quando tam potens est medicina quod una libra ducentas libras, vel mille, vel mille millia (1) metalli vilioris convertit in nobilius.

Et quod talis medicina sit possibilis, *Avicenna* et omnes attestantur.

† Vel majus opus dicitur quando fit operatio super partes animalis ut queratur medicina; minus vero, quando super arsenicum, vel sulphur, vel aliud inanimatum, vel super plura eorum, quia nunquam tam nobilis medicina potest haberi per hec inanimata, sicut per partes animalium.

† Dicuntur autem lapides illa super que operatio fit in principio; sed sunt lapides non preparati, ut sunt spiritus, si super eos fiat operatio, vel partes animalium, sicut sunt sanguis, capilli et ova.

De lapide praeparato. Lapis vero preparatus est medicina jam facta, quod est ipsum elixir, potens transmutare metalla viliora in nobiliora.

† Et lapides herbales sunt capilli (2). Lapides naturales sunt ova. Lapides animales sunt sanguis, sicut *Avicenna* dicit libro primo de anima.

Quatuor vero elementa aliquando sumuntur pro-
fol. 224, r. prie, sicut naturales et medici accipiunt, | ut terra, aqua, aer, ignis. Et vocantur methaphorice quatuor spiritus supradicti; vel quatuor humores; vel loca mundi principalia, scilicet Oriens, Occidens, Aquilo et Auster; vel

(1) Au lieu de: *millia*, le ms. porte: *milia*.
(2) En cet endroit, le ms. marque un alinea.

quatuor tempora anni; vel quatuor partes animalis principales, scilicet cerebrum, cor, epar, vasa generationis vel ossa. Quia singula de istis rebus singulis sibi invicem respondent in complexione. Nam unus spirituum est ignee nature, et unus humor, et unus locus similiter, et unum tempus, et una de partibus animalis. Et alia respondent aliis elementis per ordinem. Aliter vero nomina horum elementorum transumuntur methaphorice ad humores qui vocantur elementa per omnes libros, quia in quolibet humore unum dominatur elementum, cujus sequitur complexionem, ut manifeste scitur. Et iterum humores habent nomina illa que dicta sunt, scilicet spiritus, loca, et cetera. Sed, preter hec, habent nomina magis propria huic scientie, que posui et explicavi in sexto peccato Theologie, scilicet in generatione rerum ex elementis, ubi radices Alkimie speculative exposui.

De clavibus Alkimie.

Claves vero hujus artis vocantur operationes que sunt secundum precepta hujus scientie. Et hec claves sunt: Putrefactio, distillatio, ablutio, contritio, assatio, calcinatio, mortificatio, sublimatio, proportio, incineratio (1), resolutio, congelatio, fixio, mundificatio, liquatio, projectio. *De 10 operationil Alkimie.*

Hec opera enim sunt nota omnibus peritis in hac scientia, et libripleni sunt his. Et quamplures alkimiste faciunt hec opera, sed nesciunt finem ex his elicere principalem. Et hic ordo operationum est secundum exequutionem, sed non secundum intentionem artificii. Ad cujus occultationem adduxi auctoritates Aristotilis in primo de anima et sextodecimo de animalibus; et *Avicennam* in primo phisicorum, et sexto metaphisice, et alibi. Quorum omnium expositio est quod ordo fiat

(1) Au lieu de: *incineratio*, le ms. porte: *inceratio*.

secundum executionem, non secundum intentionem; quia quod est primum in intentione, est ultimum in executione, et econverso, ut patet cuilibet sapienti.

Spiritus vero occultatus in partibus animalium, vel in oleo extracto de partibus animalium, vel in arsenico, vel sulphure, est unus de humoribus, scilicet illud quod est sanguis in animalibus; sed non habet nomen sanguinis in aliis; et ideo cum reducitur ad naturam communem animatis et inanimatis, amittit nomen sanguinis, et vocatur humor calide et humide complexionis, qui sit in animalibus sanguis, et in quem corrumpitur sanguis, quando transmutatur a calore (1) suo et reducitur ad naturam originalem istiùs humoris, que invenitur in omnibus rebus. |

fol. 224, v. † Medicinam vinculis detineri est (2) eam figi, ne ab igne evolet, et hoc est principale in isto artificio. Nam si evolet in vaporem, non potest convertere vilius metallum in nobilius. Unde quando investigare se dicunt vincula quibus medicina teneatur, volunt querere modos quibus figatur, id est quod non fugiat ab igne per vaporem. Principalia igitur enigmata hec sunt que jam exposui, per que possunt omnia alia intelligi; et volo de cetero uti eis, ut hic est necesse.

Pluribus autem modis fiunt Sol et Luna per artificium. Nam uno modo ex Mercurio et sulfure, sicut fiunt per naturam in ventre terre, quia omnia metalla fiunt ex illis, secundum quod exposui in Opere secundo evidenter.

Sol ergo fit ex Mercurio vivo purissimo et ex sulfure optimo; sed oportet hec mundari usque ad illum gradum ad quem natura pertingit in visceribus terre. Et sic de argento.

Alii vero laborant in solo Mercurio, ut convertatur in Lunam et Solem. Nam bene vident quod convertitur in Saturnum; quia mortificant Mercurium in Saturno;

(1) Au lieu de: *calore,* le ms. porte: *colore.*

(2) Au lieu de: *est,* le ms. porte: *et.*

et ipsum mortificatum ponunt cum thure et sarcacolla, et fit plumbum. Et ideo laborant ut sic, per aliquas res admixtas, faciant Lunam et Solem.

Et qua ratione potest fieri Saturnus per artificium ex Mercurio, et alia metalla similiter, cum Mercurius sit materia omnium metallorum.

Sunt vero aliqui falsarii qui reddunt bene Mercurium malleabilem et bene coloratum, sicut veram Lunam, et habens pondus Lune, et funditur sicut Luna; sed cum ponitur in igne, non rubescit sicut ipsa.

Sunt etiam alii sophiste, qui habent aquas albificantes, de quibus docetur in libro de aquis, qui est notus, et mundificant et sublimant spiritus, scilicet arsenicum, et salem armoniacum, et alios, et purificant Venerem et Saturnum per aquas dictas, et liquant Saturnum et Venerem, et projiciunt spiritus mundificatos in ea, et sic albificant illa, et rubificant; ita quod illi qui sunt subtiles in hoc artificio faciunt metalla ita similia Soli et Lune, quod ad oculum discerni non possunt, nec ad tactum cotis, per quem probatur Sol, nec per pondus, nec per fusionem unam, nec duas, nec tres; sed tantum potest fundi et purgari per modos quos scripsi in Opere secundo, de purificatione auri et argenti, [ita] (1) quod colorem amittant (2) et redeant ad naturam propriam Veneris et Saturni.

Alii accipiunt quatuor elementa, que vocantur aqua vite, et humor aereus, et virtus ignea, et calx, de quibus scripsi in loco suo, et calcem Saturni, et calcem Solis, et Mercurium sublimatum; et ponunt duo pondera de calce, et tria | de aqua vite, et tot de humore aereo, et fol. 225, r.
unum pondus et dimidium de virtute ignea, et medium pondus Mercurii, et complet Solem, quem desiderant.

Similiter pro Luna accipiunt tria de calce, duo de aqua vite, et tot de humore aereo, et medium pondus Mercurii.

(1) *Ita* est omis dans le ms.

(2) Au lieu de: *amittant*, le ms. porte: *amittunt*.

Nota. Quidam vero accipiunt sola quatuor elementa, et in pondere equali, et illi non solum credunt facere de Sole quantum volunt, sed reputant se pervenire ad materiam primam, de qua *Aristotiles* dicit nono Metaphisice, quod ex aceto non fit vinum, nec ex mortuo vivum, nisi fiat resolutio ad materiam primam.

Hec igitur nunc sufficiant.

Nam habetur hic tota philosophorum intentio. Et per hec, cum aliis que scripsi, potest Vestra Sapientia cum omni sapiente conferre, et omnem convincere fraudulentum.

Hic incipit magnus tractatus et nobilis: De rerum naturalium generatione: per quem tota philosophia naturalis quantum ad potestatem generationis rerum sciri potest cum illis que dicta sunt in aliis de efficiente, et de unitate materie.

Hiis habitis (1), volo descendere ad ea que pertinent rebus generabilibus (2) et corruptibilibus, ut prosequar ea que in Operibus aliis non sunt tacta. Oportet vero incipere a principiis, quia horum cognitio previa est. Et de principio efficiente scripsi satis in Tractatu (3) de speciebus et virtutibus agentium naturalium. Et de materia verificavi quod non est una numero in rebus

---

(1) La col. a du fol. 17 du Cod. Maz. commence per ce titre: *Distinctio secunda: de quibusdam aliis que pertinent ad materiam, privationem et formam: habens quatuor capitula. Capitulum primum docet quomodo et ubi in generatione substantie inveniatur primo materia naturalis.*

Cette *Distinctio secunda* appartient à la seconde partie du premier livre des *Communia naturalium*, partie qui est ainsi intitulée (Cod. Maz., fol. 13, col. b): *Pars secunda primi libri naturalis philosophie qui est de communibus naturalium rerum: et est de materia, forma et privatione: et habet distinctiones* 5. Le chapitre dont nous venons de reproduire le titre commence par ces mots: *Nunc volo descendere.* A partir de ces mots, il recopie simplement le texte de l'*Opus tertium* tel que le donne notre ms.

(2) Au lieu de: *generabilibus,* le ms. porte: *generalibus.*

(3) Au lieu de: *Tractatu,* le Cod. Maz. porte: *Tractatibus.*

omnibus, nec una specie, nec genere subalterno, sed generalissimo. Et solvi cavillationes in contrarium. Et hoc est magnum fundamentum in cognitione rerum naturalium. Quia si esset materia una numero, ut ponunt, nunquam fieret generatio, ut probavi, et tota series generationis tolleretur. Sed per ea que dicta sunt, aperta est jam via ad sciendum omnia que necessaria sant in generatione rerum naturalium.

Et primum quod oportet adnecti predeterminantis de materia est, quod considerari debet ubi in linea predicamentali incipit materia fieri naturalis. Nam quia hoc non consideratur a vulgo, accidit error varius.

Et planum est quod non incipit in genere generalissimo, nec in materia et forma ejus, quoniam conveniunt spiritualibus, et corporibus celestibus, et aliis. Similiter, nec in prima specie que sequitur hoc genus, que est substantia spiritualis et incorporea, quia illa et quantum ad angelos, et quantum ad animas rationales, creatur totaliter. | Nec incipit in specie alia et coequeva, fol. 125, v.
id est (1) in substantia corporea, quoniam illud commune est celo et non celo, et ideo antecedit generationem sicut celum (2). Similiter nec || in specie prima se- Maz., fol. 17, col. b.
quente, que est substantia corporea celestis, quia in celestibus non accidit generatio nec corruptio; prout hic loquimur de generatione et corruptione scilicet que est per renovationem completam alicujus individui, et speciei specialissime in rebus, cum corruptione completa alterius individui, in specie specialissima; licet in eis sit renovatio lucis, et similitudinum rerum inferiorum, sicut creatura alii potest assimilari, recipiendo speciem et ymaginem alterius, ut sensus recipere species sensibilium dicitur, sicut in aliis verificatum est.

† Deinde ulterius in specie coequeva isti, scilicet substantie corporee celesti, que est substantia corporea non celestis, distans in tertio gradu a genere genera-

(1) Au lieu de: *id est,* le Cod. Maz. porte: *scilicet.*

(2) Le Cod. Maz. ajoute, évidemment à tort: *et non celum.*

lissimo, attenditur illud ex quo generatio radicaliter fit; quia natura generans supponit aliquam radicem, quam promovet ad esse specificum in generatione, et ad quam resolvit esse specificum in corruptione; sed cum ista radix habet multos gradus, propter diversitatem generationis et corruptionis rerum diversarum, primus gradus ultra quem natura ire non potest consistit in hoc genere subalterno quod per hanc circumlocutionem que est substantia corporea non celestis designatur, sed non habet unum nomen simplex; vocetur tamen ad placitum A. Quod vero ad istud stet natura in generando et corrumpendo, manifestum est; quia quicquid sequitur ad istam radicem est generabile et corruptibile in quantitate incompleta vel completa, in se vel in alio. Istam enim radicem sequitur elementum et mixtum; quoniam substantia corporea non celestis, aut est elementum, aut mixtum. Mixta enim generantur et corrumpuntur omnia, ut patet. Spere autem elementorum, licet non generentur nec corrumpantur secundum se
Maz., fol. 17, col. c. totas, quia create || fuerunt, tamen elementa sub aliqua quantitate generari et corrumpi [possunt et in se](1) et in speris suis, et in alio commixto generantur et corrumpuntur. Quare nullum istorum potest esse subjectum primum generationis; quoniam postquam quodlibet eorum est generabile, generabitur ex alio precedente; ergo illud aliud est prius. Ergo standum est ad aliquid prius elemento et mixto, quod non erit generabile nec corruptibile; quoniam si esset generabile, generaretur ex alio precedente, et sic iretur in infinitum. Quare generatio naturalis stat ad aliquod ingenerabile.
fol. 226, r. Et ideo Aristotiles | docet primo Phisicorum quod materia est ingenerabilis et incorruptibilis; et in secundo Methaphisice, quod est eterna et incorruptibilis, id est, non exivit in esse per generationem, sed per creatio-

(1) Les mots entre [ ] sont, dans le ms., remplacés par un blanc; nous les avous rétablis d'après le Cod. Maz.

nem, que non fit in tempore, sed in evo, quod vocatur apud eum, ibi et in Libro de causis, eternitas creata.

† Cum igitur standum est ad aliquod commune elemento et mixto, tanquam ad primam radicem generationis, standum est ad hoc genus quod est [substantia corporea non] (1) celestis; quia nichil est immediate [generabilius et] (2) corruptibilius nisi hoc; quoniam elementum et mixtum sunt solum corruptibilia, et sunt species immediate dividentes hoc genus.

Ceterum, si poneretur hec radix esse aliquod prius in linea elementali, tunc esset corpus, vel substantia; sed patet ex predictis quod neutrum eorum potest esse hoc principium. Et hoc manifestum est evidenter, quoniam tunc res significata per hoc genus: substantia corporea non celestis, esset tunc generabilis ex corpore. Sed nunquam generari potest una species, nec produci ex genere, nisi corrumpatur alia species coequeva, quia generatio unius est corruptio alterius.

Species autem coequeva substantie corporee non celesti est substantia corporea celestis; ergo a corpore in celo || posset per [naturam] (3) auferri natura celi spe- Maz., fol. 17, cod. d.
cifica, et induci natura non celestis.

Similiter oporteret [quod] (4) elemento vel mixto posset tolli natura ......

In exemplo sic cadduco non repperi plus.

1476, 15 decembris, hora 15, parum post ortum Solis.

(1) La place de ces trois mots est en blanc dans le ms.; le Cod. Maz. porte: *Substantia corporea commune.*

(2) La place de ces deux mots est en blanc dans le ms.; nous les avons rétablis d'après le Cod. Maz.

(3) Dans le ms., le mot: *naturam* est remplacé par un blanc; nous l'avons rétabli à l'aide du Cod. Maz.

(4) Le mot: *quod* se trouve dans le Cod. Maz.; dans le ms., il est remplacé par un blanc.

TABLE DES MATIÈRES

I.

ÉTUDE SUR UN FRAGMENT INÉDIT DE L'**Opus tertium.**

II.

UN FRAGMENT DE L'Opus tertium.

Imprimi potest.

Romae, die 12 Septembris 1909.

Fr. Dionysius Schuler
Min. Glis.

Nihil obstat.

Florentiae, die 27 Iulii 1909.

Can. Fridericus Lapini, *Censor.*

Imprimatur.

Florentiae, die 28 Iulii 1909.

Can. Alex. Ciolli, *Vic. Gen.*

www.ingramcontent.com/pod-product-compliance
Ingram Content Group UK Ltd.
Pitfield, Milton Keynes, MK11 3LW, UK
UKHW020324230726
13925UKWH00002B/601

9 782019 229450